AF454714

MANUEL PRATIQUE

DE LA

CULTURE MARAICHÈRE

DE PARIS.

MANUEL PRATIQUE

DE LA

CULTURE MARAICHÈRE

De Paris,

PAR J. G. MOREAU ET J. J. DAVERNE,

JARDINIERS-MARAICHERS, A PARIS.

Travaillez, prenez de la peine,
C'est le fonds qui manque le moins.
LA FONTAINE.

QUATRIÈME ÉDITION.

OUVRAGE

COURONNÉ DE LA GRANDE MÉDAILLE D'OR DE 1,000 FR.

PAR LA SOCIÉTÉ ROYALE ET CENTRALE

D'AGRICULTURE.

PARIS,

IMPRIMERIE ET LIBRAIRIE D'AGRICULTURE ET D'HORTICULTURE

DE Mᵐᵉ Vᵉ BOUCHARD-HUZARD.

RUE DE L'ÉPERON, 5.

1870.

PRÉFACE.

La Société royale et centrale d'agriculture de la Seine a toujours porté un grand intérêt à la culture maraîchère de Paris : dès 1810, elle avait ouvert un concours pour la composition d'un manuel pratique de cette culture, afin d'en répandre la connaissance en dehors de la capitale, dans l'enceinte de laquelle elle était à peu près concentrée ; et, quoique ce concours fût resté ouvert pendant dix années, aucun concurrent ne s'est présenté.

En 1842, la Société royale a renouvelé ses instances, par l'organe de M. le vicomte Héricart de Thury, en séance générale présidée par M. le ministre de l'agriculture et du commerce ; l'honorable et savant orateur a si bien fait sentir l'utilité et l'importance de la culture maraîchère, que M. le ministre a, séance tenante, fondé un prix pour être décerné, en 1843, à celui qui ferait le meilleur *Traité de la culture maraîchère de Paris*, en se conformant au programme que la Société d'agriculture rédigerait à cet effet.

Encouragés par quelques amis, nous nous mîmes sur les rangs. Notre premier travail n'a pas rempli complétement les conditions imposées par le programme ; cependant nous reçûmes la grande médaille d'argent, avec l'invitation pressante de nous représenter au même concours l'année suivante. Flattés de cette première distinction, nous revîmes notre manuscrit, le renvoyâmes au concours, et nous eûmes l'honneur de le voir couronner de la grande médaille d'or de 1,000 francs, en séance solennelle.

Maintenant nous allons exposer les difficultés que nous avons dû éprouver pour composer cet ouvrage, le plan que nous avons suivi et le but que nous nous sommes proposé.

D'abord nous rappellerons que la culture maraî-chère ne s'est jamais apprise ni perfectionnée que par la pratique, et que jamais aucun jardinier-maraîcher n'avait écrit sur cette culture avant nous. Notre première assertion ne peut recevoir aucune objection; la seconde peut être expliquée par deux raisons que nous allons tâcher de mettre en évidence.

La culture maraîchère, telle qu'elle s'exerce à Paris, ne laisse jamais aucun loisir à celui qui la pratique, s'il veut en vivre honorablement; et, quand l'idée lui vient de transmettre ses connaissances aux autres par le moyen de la presse, sa famille, ses cultures lui montrent assez qu'il n'y a pas de temps suffisant à sacrifier à cet objet.

Mais, en supposant que cette première difficulté ne soit pas insurmontable, en voici une seconde non moins grande. Les jardiniers-maraîchers, ne recevant généralement que les premiers éléments de l'instruction, sont effrayés de la distance qu'ils supposent exister entre leurs connaissances et celles de l'homme lettré qui sait communiquer ses pensées par la presse, et ils croient qu'il faut absolument franchir cette distance pour oser se faire imprimer. Nous avons été longtemps arrêtés par cette idée, et si des amis ne nous eussent pas souvent répété : « Tra- « vaillez, prenez de la peine; apprenez à exercer

« votre intelligence comme vous savez exercer vos
« bras, et en peu de temps vous saurez expliquer
« votre pensée vous-mêmes; » si, disons-nous, des
amis ne nous eussent pas encouragés de cette ma-
nière, nous aurions continué de nous taire comme
se taisent nos confrères.

Nous ne prétendons pas être arrivés à une pureté
remarquable, à un style irréprochable; mais enfin
nous croyons pouvoir être lus et compris. D'ail-
leurs, la Société centrale d'agriculture de la Seine
ayant bien voulu nous faire connaître qu'elle tenait
plus au fond qu'à la forme, nous espérons que le
public aura la même indulgence.

Quant au plan de notre ouvrage, il nous avait été
tracé par le programme de la Société centrale d'agri-
culture, et nous l'avons suivi le plus exactement
qu'il nous a été possible. Ce programme demandait
positivement un manuel pratique de la culture
maraîchère telle que nous la pratiquons dans l'en-
ceinte de Paris, parce que ses procédés, son but et
ses résultats, très-différents de ceux de la culture
potagère, n'avaient jamais été publiés.

Quant au but de notre ouvrage, il était fondé sur
plusieurs raisons que nous allons faire connaître.

D'abord nous partagions avec la Société centrale d'agriculture le désir qu'un manuel pratique de la culture maraîchère de Paris fût fait et publié ; car, si ceux qui ont écrit sur la culture potagère nous ont emprunté quelques procédés, ils ne les ont jamais rendus avec la précision et tous les détails que les maraîchers seuls connaissent ; et puis, quand on convient généralement que cette culture ne peut être convenablement décrite que par des maraîchers praticiens, on nous pardonnera peut-être d'avoir osé tenter de mettre cette partie importante de l'horticulture au niveau de ses autres branches.

A la vue des chemins de fer qui s'établissent de toute part, en présence des efforts de l'industrie pour obtenir de la chaleur au meilleur marché possible, il est facile de prévoir que la culture maraîchère de Paris peut être à la veille de recevoir des modifications, et nous avons cru utile de décrire cette culture telle qu'elle se pratique maintenant à Paris, afin que, par la suite, on pût.mieux juger et apprécier les changements qu'elle pourra subir.

Nous rappelant aussi combien longue est l'expérience, combien il faut d'années à un maraîcher pour acquérir des connaissances solides dans sa profession, nous avons cru abréger le temps d'étude à nos enfants et nos jeunes jardiniers-maraîchers, en leur laissant le fruit de notre pratique et de nos expériences répétées pendant un grand nombre d'années.

Enfin, si notre ouvrage ne répond pas à notre espérance, s'il n'est pas jugé avec l'indulgence que sont en droit de réclamer de simples jardiniers-maraîchers, il nous restera toujours la satisfaction d'avoir, les premiers, répondu à l'appel de la Société centrale d'agriculture, et l'honneur d'avoir mérité son suffrage.

J. G. MOREAU,   J. J. DAVERNE,

JARDINIER-MARAICHER.   JARDINIER-MARAICHER.

MANUEL PRATIQUE

DE LA

CULTURE MARAICHÈRE

DE PARIS.

—

CHAPITRE PREMIER.

HISTOIRE SOMMAIRE DE LA CULTURE MARAÎCHÈRE A PARIS,
DEPUIS CINQUANTE OU SOIXANTE ANS.

Il serait désirable, sans doute, de nous voir commencer cet ouvrage par des recherches sur l'origine de la culture maraîchère à Paris, de nous voir suivre et expliquer ses progrès successifs depuis son commencement jusqu'à nos jours; mais une telle recherche n'est pas en notre pouvoir; nous n'avons ni le temps ni le moyen de nous élever au delà de mémoire d'homme, et nous ne pouvons ni ne voulons dire ici autre chose que ce que nous avons vu et faisons nous-mêmes.

Il est généralement connu que, toutes les fois qu'on a reculé l'enceinte de Paris, les jardiniers-maraîchers ont été obligés de se reculer aussi pour faire place à de nouvelles bâtisses, et que ce déplacement leur était toujours onéreux, en ce qu'ils quittaient un terrain amélioré de longue main pour aller s'établir sur un nouveau sol, souvent rebelle à leur culture, et qui ne pouvait être amélioré qu'avec le temps et de grandes dépenses. Plusieurs d'entre nous se rappellent que, vers la fin du siècle dernier, lorsqu'on a reporté le mur d'enceinte où sont aujourd'hui les barrières de l'octroi, beaucoup de maraîchers sont allés s'établir au delà des nouvelles barrières, parce que le prix des terrains circonscrits a de suite considérablement augmenté. Plus tard, lors de l'établissement du canal Saint-Martin, un assez grand nombre de maraîchers furent encore obligés d'aller s'établir plus loin pour laisser la place aux nouvelles constructions. Jusqu'en 1780, on voyait des jardins maraîchers le long du boulevard, depuis la porte Saint-Antoine, aujourd'hui place de la colonne de Juillet, jusque près de la Madeleine; depuis longtemps on n'y en voit plus aucun. Le trentième quartier de Paris s'appelait alors le *Pont-aux-Choux*, tant les marais y étaient nombreux. Enfin, jusqu'à la révolution de 89, les jardiniers-maraîchers ont conservé l'usage d'appeler leur jardin marais; mais depuis lors, la plupart disent leur jardin, parce qu'en effet ces jardins ne ressemblent plus aux marais dans lesquels les premiers maraîchers s'étaient établis, d'où le nom de *maraîchers* que leurs successeurs portent toujours.

Il conviendrait à présent de jeter les yeux en arrière pour savoir quels étaient nos aïeux et en quel état était la profession de jardinier-maraîcher entre leurs mains; mais les maraîchers ne connaissent d'autre chronique que la tradition qui se transmet oralement parmi eux, et leurs souvenirs ne remontent guère au delà de deux ou trois générations. Nous ne pouvons donc remonter nous-mêmes au delà d'une soixantaine d'années, dans le temps qui a précédé celui dans lequel nous vivons, à moins de nous rendre l'écho de ce qu'ont écrit les autres, chose que nous éviterons toujours.

D'après le témoignage de nos plus anciens confrères, il résulte que, il y a 60 ou 80 ans, la culture maraîchère était beaucoup moins perfectionnée qu'aujourd'hui; que l'on faisait moins de *saisons* dans une année; que l'art des primeurs était encore dans l'enfance; que les plus habiles maraîchers n'avaient encore que des cloches, et en petit nombre, pour avancer leurs légumes et surtout pour élever une sorte de melon brodé, la seule qu'ils connussent alors, et qui aujourd'hui porte encore le nom de *melon maraîcher*. Ce n'est pas qu'à cette époque l'art des primeurs et l'emploi des châssis fussent ignorés à Paris; depuis longtemps l'un et l'autre étaient en progrès dans les jardins royaux et chez plusieurs grands seigneurs; mais ils n'a-

vaient pas encore pénétré dans la culture maraî-
chère, lorsqu'en 1780 un jardinier-maraîcher
nommé Fournier fit le premier usage de châssis
dans sa culture avec un succès si prononcé pour
obtenir des primeurs beaucoup plus tôt qu'aupara-
vant, qu'un grand nombre de ses confrères l'imi-
tèrent et en obtinrent de suite de grands avantages.
L'usage et la manœuvre des châssis devinrent une
branche importante de la culture maraîchère, et
c'est de cette époque que le terme *culture forcée* est
devenu familier parmi nous.

Le même Fournier qui a introduit les châssis
dans la culture maraîchère, en 1780, y a aussi in-
troduit, quelques années après, la culture du me-
lon cantaloup; il est aussi le premier maraîcher qui
ait cultivé la patate.

Le premier qui a forcé l'asperge blanche était un
nommé Quentin, vers 1792.

L'asperge verte a commencé à être forcée par le
même et par son beau-frère, nommé Marie, vers 1800.

Celui qui le premier a forcé le chou-fleur est le
nommé Besnard, vers 1811.

Les premières romaines forcées l'ont été par
MM. Dulac et Chemin, vers 1812.

La chicorée fine d'Italie a commencé à être for-
cée, à la même époque, par Baptiste Quentin.

Parmi les jardiniers-maraîchers de notre époque,
ce sont les frères Quentin, Fanfan et Baptiste, ainsi
que M. Dulac, qui les premiers ont traité le haricot
en culture forcée, en 1814.

La culture forcée de la carotte a eu lieu, pour la première fois, en 1826; elle est due à M. Pierre Gros.

En 1836, M. Gontier a, le premier, fait usage du thermosiphon dans la culture forcée sous châssis.

Nous venons de nommer cinq maraîchers de notre époque, parce qu'ils ont enrichi la culture maraîchère par des procédés nouveaux, et que la reconnaissance demande que leurs noms ne soient pas plus oubliés que ceux que nous avons nommés auparavant. Nous voudrions bien nommer aussi ceux de nos confrères qui se distinguent par la perfection de leur culture, par l'étendue de leur exploitation, par leur activité, leur adresse, leur bonne administration; mais le nombre en serait trop grand : d'ailleurs, en faisant ressortir le mérite d'une partie de nos confrères et en passant l'autre sous silence, cela paraîtrait, de notre part, une partialité dont nous ne voulons pas qu'on nous accuse, mais nous dirons avec plaisir, avec orgueil même, qu'il y a dans la classe maraîchère plus de capacité, plus d'intelligence qu'on ne le croit généralement dans les autres classes.

Voilà tout ce que nous pouvons dire de la culture maraîchère des temps qui nous ont précédés, et de ses progrès jusqu'à ce jour. Ce sont des faits certains, dont plusieurs se sont accomplis sous nos yeux et desquels nous profitons aujourd'hui.

CHAPITRE II.

ART. 1ᵉʳ. — *Statistique horticole.*

Notre ouvrage étant particulièrement destiné à nos enfants, aux jeunes jardiniers-maraîchers, nous devons leur donner la signification des mots qui ne s'apprennent pas dans notre pratique, et le mot *statistique* est de ce nombre. Ainsi, nous leur disons que le mot statistique signifie l'étendue d'un pays, d'un endroit, son climat, ses divers produits, son commerce, sa population florissante ou souffrante, sa richesse, l'argent qu'elle dépense et celui qu'elle gagne, etc. C'est donc en faisant l'énumération de ces différents rapports que nous allons donner une idée de la statistique de la classe des jardiniers-maraîchers, exerçant leur profession actuellement dans la nouvelle enceinte de Paris.

1° Nous avons trouvé, par un calcul très-approximatif, que l'ensemble des terrains employés à la culture maraîchère, dans la nouvelle enceinte de Paris, est maintenant d'environ 1,378 hectares.

2° Ces terrains sont divisés en 1,800 marais ou jardins; les plus grands contiennent environ 1 hectare, et les plus petits environ 1/2 hectare; mais le plus grand nombre des jardins maraîchers contiennent 3/4 d'hectare, parce que cette quantité de terrain est le plus en rapport avec la bonne administration et la surveillance d'un seul chef.

3° De ce qu'il y a 1,800 jardins maraîchers dans les terrains compris dans la nouvelle enceinte de Paris, il s'ensuit qu'il y a aussi 1,800 jardiniers-maraîchers maîtres pour les faire valoir. De ces maîtres, les uns sont propriétaires et les autres locataires ; mais cette différence n'ayant aucun rapport avec la capacité et la moralité, nous ne devons pas nous en occuper.

4° Quant au personnel de chaque établissement, il est assez difficile de le fixer rigoureusement : d'abord, parce que tous les jardins n'ont pas la même contenance ; que l'exploitation des uns offre des difficultés qui ne se rencontrent pas dans les autres, parce que certains maraîchers ont une manière de travailler, de calculer et d'administrer que n'ont pas les autres, ce qui peut augmenter ou diminuer le nombre de bras nécessaires à l'exploitation. Il y a à calculer la force des enfants du maître, et voir si le travail d'un, deux, trois et quatre enfants peut équivaloir au travail d'un ou de deux hommes ; enfin les saisons contraires ou favorables diminuent ou augmentent le nombre d'ouvriers surnuméraires.

Cependant, d'après notre propre et longue expérience, nous pouvons dire, avec assez de certitude, que, pour cultiver un jardin de 1 hectare, où l'on fait des primeurs et de la pleine terre, il faut, en tout temps, un personnel de cinq ou six personnes, composé du maître et de la maîtresse, une fille à gages, un garçon à gages s'il y a des enfants en état de travailler, ou, à leur défaut, deux garçons à gages et souvent un ou deux hommes à la journée.

Les personnes à gages sont couchées à la maison et nourries à la table du maître. La fille à gages est payée en raison de sa force, de son intelligence et de son savoir ; le terme moyen de ses gages peut être fixé à 240 francs par an. Les garçons jardiniers-maraîchers sont payés au mois, et le prix n'est pas le même en été qu'en hiver. D'octobre en mars, un garçon gagne de 18 à 20 francs par mois et 2 francs de gratification par dimanche ; d'avril en septembre, il gagne de 30 à 32 francs par mois et de 2 francs à 2 fr. 50 cent. de gratification par chaque dimanche.

Ce personnel ne suffit pas toujours : dans les grandes et longues sécheresses de l'été, par exemple, il faut mouiller extraordinairement pour conserver la marchandise tendre, l'empêcher de durcir ou de monter ; dans ce cas, le maître maraîcher prend à la journée un ou plusieurs hommes, qu'il nourrit, et à chacun desquels il donne 2 francs par jour. Si ce sont des femmes, il leur donne 1 franc et la nourriture.

Il y a 9,000 personnes employées à la culture maraîchère dans la nouvelle enceinte de Paris.

Dans ce nombre, les maîtres et les maîtresses entrent pour. 3,600

A reporter. 3,600

Report. 3,600

Les enfants, dont le travail est évalué à
celui de 1,500 hommes, ci 1,500

Les hommes et les femmes à gages. . . 3,900

Total. 9,000

Il va sans dire que tous les garçons maraîchers,
tous les hommes à la journée ne connaissent pas
également le métier et ne sont pas tous doués de la
même intelligence ni de la même activité. Le maître
reconnaît promptement ce dont chacun est capable,
et l'emploie selon ses facultés. Plusieurs de ces
garçons maraîchers sont des jeunes gens de pro-
vince, qui viennent à Paris pour apprendre ou se
perfectionner; et, que cela soit vrai ou faux, il est
certain que l'on tient pour vrai, dans la classe ma-
raîchère, que certaines provinces fournissent de
meilleurs ouvriers que d'autres; aussi, quand un
maraîcher embauche un garçon, il ne manque pas
de s'informer de quel pays il est.

Jusqu'à présent, la police n'a pas encore obligé
les garçons maraîchers à se nantir de livret; mais
les maîtres exigent d'eux des preuves de bonne
conduite qui en tiennent lieu. En général, cette
classe d'ouvriers est fort paisible, et il est très-rare
qu'elle donne sujet à quelques plaintes.

5° Ce qui prouve que les jardiniers-maraîchers
ont suivi le progrès du bien-être qui s'est déve-
loppé dans les classes travaillantes, c'est qu'ils

occupent beaucoup plus de chevaux qu'autrefois : les 1,800 maraîchers existants dans la nouvelle enceinte de Paris possèdent au moins 1,700 chevaux, qui dépensent, en moyenne, pour la nourriture, chacun 2 fr. 50 c. par jour. De ces 1,700 chevaux, 1,300 sont conservés toute l'année et 400 sont vendus à l'entrée de l'hiver, quand on n'en a plus besoin pour tirer de l'eau. Les 1,300 chevaux dont les maraîchers ne peuvent se passer coûtent d'achat de 500 à 800 francs, ou, terme moyen, 650 francs chaque. Ces chevaux sont employés à mener les légumes à la halle, de grand matin, et, en revenant, ils ramènent une voiture de fumier : quelquefois ils retournent en chercher plusieurs voitures dans la même journée; et, dans l'été, ils sont occupés, plusieurs heures par jour, à tirer de l'eau au puits, au moyen d'un manége ou d'une pompe à engrenage, dont nous donnerons les descriptions plus tard ; mais nous dirons de suite qu'un manége et ses accessoires coûtent de 4 à 500 francs. Quant aux pompes à engrenage, il n'y en a encore qu'un petit nombre d'établies dans les jardins des maraîchers de Paris, et leur prix varie en raison de leur perfection, de leur complication et de la profondeur des puits. Pour un puits de 10 mètres de profondeur, une pompe à engrenage coûte de 1,500 à 1,600 francs; mais il y en a qui coûtent jusqu'à 2,600 francs.

Les 400 chevaux dont nous avons parlé plus haut sont d'une moindre valeur que les autres, parce que ceux des maraîchers qui les achètent ne s'en servent que pendant environ six mois d'été, et les revendent ensuite ; leur prix est de 150 à 200 francs, ou, terme moyen, 175 francs chaque. Ils servent de même à mener les légumes à la halle, ramener du fumier et tirer de l'eau.

Si maintenant nous calculons ce que coûtent les 1,700 chevaux employés dans la culture maraîchère dans la nouvelle enceinte de Paris, nous trouvons que 1,300 chevaux, à 650 francs l'un, font la somme de. . . . .   845,000 fr.

Que 400 chevaux, à 175 francs l'un, font. . . . .   70,000 fr.

TOTAL. . . . .   915,000 fr.

Si ensuite nous calculons la nourriture de ces chevaux à 2 fr. 50 cent. par jour, nous trouvons que 1,300 chevaux coûtent par an.   1,186,250 fr.

Que 400 chevaux coûtent, pour six mois de nourriture, plus de. .   182,000 fr.

TOTAL. . . . .   1,368,250 fr.

6° Beaucoup de circonstances donnent des valeurs différentes aux terres propres à la culture maraîchère dans Paris. Tous les jours quelques maraîchers s'éloignent du centre de la capitale, parce que de nouvelles bâtisses, de nouvelles fabriques, de nouveaux magasins se forment continuellement, s'emparent des terrains et les rendent d'un prix supérieur à celui que peut y mettre le cultivateur : il arrive aussi quelquefois que celui-ci trouve du bénéfice à vendre son terrain et à aller s'établir plus loin; quelquefois encore il est obligé de s'éloigner pour cause d'*utilité publique*. Un marais qui se trouve sur une rue, sur un chemin pavé, a plus de prix que celui qui se trouve au fond d'une ruelle non pavée ou sujet à quelque servitude; celui qui est bien enclos de murs a aussi plus de valeur que celui qui est mal ou point fermé. Cependant nous allons donner un aperçu de la valeur actuelle des terres propres à la culture maraîchère dans Paris.

Les terrains compris entre le boulevard et le mur d'octroi valaient, il y a une vingtaine d'années, de 20 à 22,000 francs l'hectare; aujourd'hui ces terrains n'ont plus de prix. Sur les bords du canal Saint-Martin, et autres endroits où le commerce s'est porté, l'hectare se vend 80 ou 100,000 francs.

Ceux situés entre le mur d'octroi et la nouvelle enceinte peuvent se diviser en deux catégories : les premiers sont ceux qui, depuis longtemps cultivés en marais, sont réputés d'une bonne nature de terre, enclos de murs et à proximité d'une rue pavée, ceux-là valent aujourd'hui de 28 à 30,000 fr. l'hectare; les seconds sont ceux qui se trouvent sur le derrière, qui n'ont pas de communication facile avec une rue pavée, ceux-ci se vendent de 16 à 20,000 francs l'hectare clos de murs, compris le logement.

7° Quant au prix du loyer de 1 hectare de terrain consacré à la culture maraîchère, il y en a de deux sortes. Quand le terrain est de la première qualité, il se loue de 12 à 1,300 francs l'hectare, y compris le logement du jardinier; quand il est de seconde qualité, l'hectare se loue de 8 à 900 francs. Outre le loyer, le maraîcher locataire paye encore l'impôt personnel et des portes et fenêtres.

8° Le nombre des panneaux de châssis employés dans la culture maraîchère, dans la nouvelle enceinte de Paris, est évalué à. . . .   360,000

Le nombre de cloches est évalué
à.   2,160,000

9° Dans un marais employé en culture maraîchère depuis quelque temps, les engrais en matières fertilisantes se trouvent dans les débris du fumier qui a servi à faire les couches et les paillis ; ainsi, en calculant ce que nos châssis et nos cloches usent de fumier, le prix de l'engrais sera une partie du prix du fumier. Un panneau de châssis use par an, terme moyen, pour 4 francs de fumier ; c'est donc quatre fois 360,000 ou. 1,440,000 fr.

Pour occuper 2,160,000 cloches,
il faut du fumier pour. . . . . .   270,000 fr.

Pour le fumier à faire des champignons. . . . .   100,000 fr.

Total de dépense pour fumier et
engrais. . . . .   1,810,000 fr.

10° Quant à la somme annuellement dépensée

pour la culture maraîchère dans la nouvelle enceinte de Paris, il ne nous est pas possible de la donner avec une approximation plausible.

11° S'il ne nous est pas possible, par plusieurs raisons, de donner le chiffre de la dépense de la culture maraîchère dans Paris, nous pouvons donner très-approximativement le chiffre de ses recettes. Pendant longtemps nous nous sommes occupés de cet objet pour les diverses saisons de l'année, bonnes ou mauvaises, ainsi que des produits de la culture en pleine terre et de la culture forcée, et nous pouvons affirmer que l'ensemble des recettes de la vente de légumes des maraîchers dans la nouvelle enceinte de Paris s'élève au chiffre d'environ 13,500,000 francs par an.

Art. 2. — Économie horticole.

Par le titre économie, nous entendons le rapport qui doit avoir lieu entre les dépenses et les recettes, de manière que les dernières soient toujours plus grandes que les premières. Mais, s'il est facile d'établir ce rapport pour quelques établissements maraîchers, il est extrêmement difficile de l'établir pour l'ensemble des 1,800 maraîchers de Paris; car, quoique chacun de nous croie faire pour le mieux, un cas imprévu peut renverser tous nos calculs et rendre la dépense plus grande que la recette; et cela arrive malheureusement de temps en temps, et quelquefois plusieurs années de suite ; et puis il faudrait aller prendre connaissance de l'état des affaires de chaque maraîcher, chose que nous ne devons ni ne pouvons faire ; cependant notre position au milieu de nos confrères nous met à même d'approcher de la vérité de plus près que tout autre, et c'est ce que nous allons essayer de faire dans les paragraphes suivants.

1° Pour cultiver 1 hectare de terre converti en marais depuis une dizaine d'années ou plus, et lorsqu'on n'y fait que des légumes de pleine terre, quatre personnes suffisent pendant huit mois de l'année ; mais, de mai en août, il en faut deux de plus. On sent bien que, si on s'établissait dans un terrain neuf, en friches, pierreux, il faudrait plus de monde, jusqu'à ce que la terre fût ameublie et facile à travailler. Quant à la quantité de bras qu'il faut pour cultiver 1 hectare en culture de pleine terre et de primeur, nous l'avons déjà dit, page 17, paragraphe 4.

2° Ici, d'après l'ordre du programme, nous avons à établir ce qu'il en coûte d'engrais, chaque année, pour cultiver 1 hectare de terrain en légumes de pleine terre, et 1 hectare de la manière la plus complexe, c'est-à-dire en culture de primeurs et en culture de pleine terre. Comme la question est double, nous allons d'abord la diviser.

Nous venons de dire que, quand un jardinier-maraîcher s'établit sur un terrain neuf qui n'a pas encore été cultivé en marais, il lui faut quelques années pour en rendre la terre meuble et facile à cultiver. Pendant ces quelques premières années, les engrais nécessaires pour rendre la terre fertile peuvent être considérables. Si la terre est trop sableuse, il lui faut un engrais gras, tel que le fumier de vache ; si elle est trop forte, il lui faut un engrais plus léger, tel que celui de cheval : mais il nous est impossible de dire combien il faut de l'un ou de l'autre engrais pour amener le terrain à l'état de fertilité et de divisibilité le plus propre à la culture maraîchère, ni même de préciser en combien d'années il sera amené à cet état. Mais une fois devenu propre à la culture maraîchère, nous pouvons dire ce qu'il faut d'engrais, par an, pour l'entretenir dans son état de fertilité, quoiqu'il y ait des légumes plus épuisants les uns que les autres.

Il est bien entendu qu'il est ici question d'un marais où l'on ne fait pas de primeurs, par conséquent pas de couches ; mais nous ne concevons pas de culture maraîchère sans paillis, sans terreau pour couvrir les semis ; et, comme dans un marais le même endroit peut produire trois ou quatre récoltes par an, cet endroit doit être aussi paillé ou terreauté trois ou quatre fois en un an, ce qui produit déjà un engrais, mais insuffisant pour entretenir la fertilité ; il faut donc que le maraîcher qui ne fait pas de couches et, par conséquent, pas de primeurs achète, chaque année, aux maraîchers qui font des couches et des primeurs, pour environ

200 francs par hectare de fumier de vieilles couches, dont une partie est enterrée comme engrais, et l'autre employée en paillis et pour être convertie en terreau.

Tel est le mode le plus général de fumer des maraîchers qui ne font pas de primeurs; mais, quand leur terrain est trop léger, trop sableux, ils n'achètent, par hectare, que pour 100 francs de fumier de vieilles couches, ce qui leur suffit pour pailler et terreauter leurs plants et leurs semis, et ils emploient les 100 autres francs à acheter du fumier de cheval gras ou de vache, qu'ils enterrent comme engrais.

Dans un établissement maraîcher de la contenance de 1 hectare où l'on fait beaucoup de primeurs, la dépense est beaucoup plus considérable; dans celui, par exemple, où l'on occupe 400 panneaux de châssis et 3,000 cloches, on dépense pour plus de 3,000 francs de fumier par an.

Il y a ici une observation à faire. On croit assez généralement que, si nous obtenons d'aussi beaux légumes, c'est que nous employons beaucoup d'engrais; c'est une erreur. Quand notre terrain est devenu en état d'être cultivé en culture maraîchère, nous n'y mettons plus d'engrais proprement dit : la fertilité du terrain s'entretient d'abord par les paillis et les terreautages que nous renouvelons et enterrons au moins trois fois dans une année; ensuite parce que nous changeons, autant que nous pouvons, nos carrés de melons de place chaque année, et que l'eau avec laquelle nous arrosons nos couches traverse le fumier et en entraîne les parties fertilisantes dans la terre ; enfin parce que nos melons en tranchée se font dans des fosses remplies de fumier qui communique une partie de sa fertilité à la terre, et qu'ensuite, quand nous retirons ce fumier des fosses ou tranchées, il en reste toujours une partie plus ou moins décomposée qui engraisse naturellement la terre et la met dans l'état de fertilité le plus convenable à la culture maraîchère : aussi ceux d'entre nous qui font beaucoup de primeurs vendent, chaque année, une partie de leur terreau de couches et n'achètent jamais d'engrais d'aucune espèce.

On désirerait peut-être nous voir traiter ici de ce que coûte l'entretien de 1 hectare de terrain en culture de pleine terre, en culture forcée ; ce que cette culture rapporte de bénéfice en un an ; que nous indiquassions ce que coûte la production de chaque légume et le prix de sa vente, et que nous formassions un tableau du *coût* et du *profit* de la culture de tous ces objets. Sans doute tous ces détails seraient nécessaires à une bonne statistique ; mais pour les obtenir il faudrait d'abord que la dépense et le profit fussent toujours invariables, ce qui n'a pas lieu ; puis fouiller dans les secrets de nos confrères, ce que nous ne nous permettrons jamais.

CHAPITRE III.

DES HABITUDES ET MANIÈRE D'ÊTRE DES MARAICHERS DE PARIS.

Parler des jardiniers-maraîchers, c'est parler de nous-mêmes; or il est assez difficile de parler de soi quand on a du bien et beaucoup de bien à en dire : cependant, la nature de notre ouvrage nous obligeant à dire les habitudes et les mœurs des maraîchers, nous allons les dire franchement, en nous effaçant personnellement autant qu'il nous sera possible.

Les maraîchers de Paris forment la classe de travailleurs la plus laborieuse, la plus constante, la plus paisible de toutes celles qui existent dans la capitale. Quelque dur, quelque pénible que soit son état, on ne voit jamais le maraîcher le quitter pour en prendre un autre. Les fils d'un maraîcher s'accoutument au travail, sous les yeux et à l'exemple de leur père, et presque tous s'établissent maraî-chers. Les filles se marient rarement à un homme d'une autre profession que celle de leur père.

Quoique le métier soit très-dur, le maraîcher s'y attache; quelque multipliées que soient ses fatigues et ses veilles, elles ne lui paraissent jamais trop pénibles; quand même l'inclémence des saisons vient contrarier ses projets, il se flatte d'être plus heureux une autre fois ; il ne désespère jamais de la Providence.

Nous sommes persuadés même que c'est à la confiance qu'ils ont en la Providence que les maraîchers de Paris doivent la tranquillité, le bon accord qui existent parmi eux. Les ressorts qui font remuer les passions chez les autres hommes leur sont inconnus ; leur seule ambition, à eux, est de chercher les moyens d'arriver les premiers à porter des primeurs à la halle : une telle ambition ne troublera certainement jamais la sûreté publique.....

Il s'en faut de beaucoup que la classe maraîchère reste routinière et stationnaire, comme on le croit généralement. Les maraîchers suivent les progrès, les perfectionnements du siècle ; leur bien-être, leur aisance s'augmentent en raison de l'étendue de leur intelligence et de la justesse de leur raisonnement.

Il y a à peine quarante ans, les maraîchers étaient mal logés, mal vêtus ; ils se nourrissaient mal, ils portaient presque tous, sur leur dos, les légumes à la halle ; ils tiraient l'eau de leur puits à la corde et à force de bras. Aujourd'hui les maraîchers sont mieux vêtus, ils se nourrissent mieux, ils ont, presque tous, un cheval et une voiture pour mener les légumes à la halle et amener les fumiers ; au lieu de tirer l'eau à force de bras, les maraîchers ont généralement un manége ou une pompe qui fournit de l'eau en abondance.

Mais, si le maraîcher a amélioré son existence, s'il se nourrit mieux, s'il est mieux vêtu qu'autrefois, si même il est devenu propriétaire de son marais, c'est qu'il travaille plus, qu'il travaille mieux, et surtout avec plus d'intelligence qu'autrefois. Le maraîcher, en effet, pendant sept mois de l'année, travaille dix-huit ou vingt heures sur vingt-quatre, et, pendant les cinq autres mois, ceux d'hiver, il travaille quatorze et seize heures par jour, et, bien souvent encore, il se lève la nuit pour interroger son thermomètre, pour doubler les couvertures des cloches et des châssis qui renferment ses plus chères espérances, son avenir, qu'un degré de gelée peut anéantir.

Depuis vingt et trente ans l'intelligence des maraîchers s'est particulièrement portée vers les moyens de forcer la nature à produire, au milieu de l'hiver, au milieu des frimas, ce que, dans sa marche ordinaire, elle ne produit que dans les beaux jours du printemps ou de l'été, et c'est en cela que la science des maraîchers de Paris est devenue véritablement étonnante. Dès le mois de novembre, et souvent dès octobre, ils fournissent à la consommation des asperges blanches et presque toute l'année des asperges vertes ; en janvier, des laitues pommées en abondance ; en février, des romaines ; en mars, des carottes nouvelles, des raves, des radis et du cerfeuil nouveau, des fraises, etc. ; en avril, des tomates, des haricots, des melons, etc.

Avant l'introduction des cultures forcées dans

les marais de Paris, la classe maraîchère, toujours respectable d'ailleurs par son utilité et la pureté de ses mœurs, ne jouissait que d'une faible considération : un maraîcher alors n'était guère recherché en dehors de sa classe ; aujourd'hui il n'en est plus ainsi ; le maraîcher qui a la réputation d'être habile dans la culture des primeurs voit souvent un équipage à sa porte et des personnes, considérables par leur rang et leur fortune, en descendre pour causer avec lui, considérer son travail, étudier auprès de lui la pratique, et lui demander des avis ou des renseignements pour les transmettre à leur jardinier.

Nous nous abstenons ici de développer ce que la classe maraîchère doit gagner à ces communications, nous nous bornons à désirer qu'elles deviennent de plus en plus fréquentes.

Un établissement maraîcher, comme beaucoup d'autres, ne peut guère propérer sans femme : si l'homme cultive le marais et le fait produire, la femme seule sait tirer parti de ses productions ; aussi un jeune maraîcher qui cherche à s'établir commence-t-il par se marier. L'un reçoit le titre de maître, l'autre celui de maîtresse. S'ils ne reçoivent pas en dot un marais tout monté, les commencements sont durs pour l'un et pour l'autre ; car, quelle que soit l'exiguïté d'un marais, les premières dépenses sont considérables : il faut qu'ils prennent des gens à gages ; il faut les nourrir et les coucher, ce qui n'exempte pas le maître et la maîtresse d'être les premiers et les derniers à l'ouvrage; il faut qu'ils se montent en coffres, châssis, cloches; il faut enfin faire un amas considérable de fumier, et ce n'est que quand ils ont tout cela à discrétion et sous la main que nos jeunes maraîchers peuvent travailler avec l'espoir de quelque profit. Mais l'amour du travail est tellement inhérent à la classe maraîchère et le travail lui-même, quoique violent et prolongé, est apparemment si salutaire, qu'on voit rarement un jeune établissement ne pas prospérer.

Le maître maraîcher est toujours à la tête de ses garçons et la maîtresse à la tête de ses femmes de journée; tandis que les hommes labourent, plantent, arrosent, font des couches, placent des cloches, des châssis, les femmes sont dans une activité continuelle; elles ésherbent, elles cueillent l'oseille, le cerfeuil, les épinards, les mâches, elles arrachent les laitues, elles lient les romaines, etc.

Si leur part dans un marais semble moins pénible que celle des hommes, elle est peut-être bien moins saine; car les femmes sont, par leurs travaux, une partie de la journée, à genoux ou à moitié couchées sur la terre, souvent humide, et il en résulte fréquemment pour elles des fraîcheurs plus ou moins douloureuses.

Dans les soirées, tandis que les hommes travaillent dehors encore bien avant dans la nuit, les femmes préparent et montent les voies, les hottes, les mannes et les mannettes pour la halle du lendemain. C'est ici, c'est dans la préparation et l'arrangement des légumes, que le goût et l'adresse de la maîtresse se montrent supérieurs au goût et à l'adresse du maître.

Le lendemain, à deux heures du matin en été, à quatre heures en hiver, tout le monde est debout : la maîtresse part pour la halle avec sa voiture de marchandises, aidée de la fille ou d'un garçon. Si c'est dans le temps où certains légumes sont abondants, comme les choux-fleurs, les melons ou autres, dans la même nuit on lui en renvoie une ou deux autres voitures.

C'est à la femme que sont confiés les intérêts de la vente; par la même raison, tout l'argent des ventes, pendant toute l'année, passe nécessairement par ses mains. Il faut donc, pour que l'établissement prospère, que le maraîcher ait une entière confiance en sa femme et que celle-ci n'en abuse jamais. La simplicité, la pureté des mœurs de la classe maraîchère, le désir constant de faire honorablement ses affaires, sont un garant suffisant contre tout ce qui pourrait troubler l'harmonie du ménage.

Les maraîchers font tous donner l'éducation primaire et les principes de la religion à leurs enfants : dès qu'ils peuvent manier la bêche, les enfants alternent l'étude avec le travail; à l'âge de douze ans, le père, pour les encourager, leur abandonne un coin de terre où ils cultivent pour eux ce qui leur paraît le plus profitable. Là ils font usage

de leur jeune expérience, ils s'aident de ce qu'ils
ont vu faire et de ce qu'ils ont fait eux-mêmes pour
le compte de leur père, et comme, pendant que
leur plantation croît et grandit, ils entendent tou-
jours parler d'économie par leur père et leur mère,
ils s'accoutument à ne pas dépenser inutilement le
produit de la vente de leur petite culture, et c'est
ainsi qu'aujourd'hui beaucoup d'enfants de maraî-
chers, de l'âge de treize à quinze ans, ont déjà des
économies placées à la caisse d'épargne.

Dans un établissement maraîcher, tout le monde
se levant avant le jour, on mange à sept heures du
matin, en travaillant; on déjeune à dix heures; on
dîne à deux heures; on soupe de huit à dix heures
du soir, selon les saisons. Le maître et la maîtresse,
les enfants, la fille et les garçons à gages mangent
ensemble à la même table. Le respect et la décence
y sont rigoureusement observés; jamais on ne
profère aucun propos équivoque ou inconvenant
devant les enfants; aussi les garçons contractent-
ils l'habitude d'être réservés dans leurs paroles et
s'abstiennent-ils des excès que l'on blâme avec
raison chez les ouvriers des autres classes. Le
maître ne prend jamais un ton de hauteur sur ses
garçons; il se rappelle qu'il a été garçon lui-même.
Son autorité ne se fait remarquer que dans la di-
rection des travaux et pour que chaque chose soit
faite à propos.

Nous ne connaissons pas de rivalité jalouse; nous
ne connaissons qu'une vive, une louable émula-

tion; nous nous portons réciproquement un véritable intérêt, une amitié franche.

Trop nombreux pour nous réunir tous ensemble, chaque année, pour fêter notre patron *saint Fiacre,* nous nous divisons en plusieurs confréries. Au moyen d'une cotisation, chaque confrérie fait orner et décorer son église. Le parfum des fleurs s'y mêle à celui de l'encens. On chante une messe en musique; le prêtre appelle les bénédictions du ciel sur les travaux des jardiniers.

Après la cérémonie de l'église, chaque confrérie se réunit à un banquet, souvent suivi d'un bal, mais qui cesse aussitôt l'heure du départ pour la halle.

Une gaieté franche préside toujours à ces fêtes; on n'y voit jamais aucun désordre, aucun excès : les jardiniers nomment entre eux des commissaires pour veiller au bon ordre, et rarement ces commissaires ont besoin de faire usage de leurs pouvoirs.

Jamais on ne voit ni vieux maraîchers ni vieilles maraîchères avoir recours à la charité publique, comme on en voit tant d'exemples dans beaucoup d'autres classes. Ce n'est pas, cependant, que tous les maraîchers et maraîchères puissent se mettre à l'abri des besoins sur leurs vieux jours; mais ils sont tellement accoutumés à travailler, qu'ils ne conçoivent pas qu'on puisse vivre autrement que par le travail : ainsi, ceux qui n'ont pu faire d'économies, qui n'ont pas de famille ou qui ont éprouvé

des malheurs, et qui n'en éprouve dans la vie?
, vont, pour un faible salaire, offrir leurs services
à leurs confrères plus heureux, et ceux-ci vont
toujours au-devant d'eux, et toujours se font un
devoir de les accueillir et de les occuper selon
leurs forces.

CHAPITRE IV.

DES TERRES ET DE TOUT CE QUI A RAPPORT AU SOL.

Nous ne connaissons et il n'y a, en effet, que
trois sortes de terre en culture maraîchère à Paris,
que nous distinguons par les noms de terre forte,
terre meuble et terre sableuse : la première est celle
dans laquelle l'argile domine, c'est la plus difficile
à travailler; la seconde est celle où l'argile et le
sable, soit calcaire, soit séléniteux, soit siliceux,
sont dans les rapports les plus convenables pour
former une terre facilement divisible; la troisième
est celle où le sable siliceux, surtout, entre avec
excès et détruit la cohésion nécessaire. Chacune de
ces terres a ses avantages et ses inconvénients dans
la culture maraîchère.

La première, par sa compacité, s'échauffe diffi-
cilement aux premières chaleurs du printemps,

reste froide et tardive ; mais, dans l'été et l'automne, les gros légumes, tels que chou-pomme, chou-fleur, artichaut, cardon, etc., y poussent avec vigueur, si l'on a soin d'en biner souvent la surface, pour l'empêcher de se fendre et de se crevasser, ou de la couvrir d'une couche de paillis. Cette terre, conservant aisément sa fraîcheur, ne demande pas à être arrosée aussi fréquemment que les autres, et les engrais qu'on lui donne doivent être du fumier de cheval tout au plus à moitié consommé et du terreau qui a déjà servi.

La seconde sorte, la terre meuble, est la plus favorable à toute espèce de légumes ; elle ne craint guère la sécheresse ni l'humidité ; d'ailleurs, on la préserve de la première par le paillis, dont l'usage est général dans la culture maraîchère, et l'engrais qu'il lui faut est un fond de couche ou de terreau gras.

A propos de terreau gras, nous devons faire ici une observation : c'est que, par la manière dont nous travaillons nos couches et les arrosons pour en obtenir plusieurs saisons, le fumier se consomme entièrement dans l'année et se convertit en un terreau véritablement gras qui, mélangé avec celui dont les couches étaient chargées, révivifie celui-ci et lui rend la fertilité qu'il peut avoir perdue en nourrissant jusqu'à quatre saisons de légumes. Dans les jardins bourgeois, où on ne travaille pas comme nous, le fond de couche n'est jamais gras ; c'est un fumier plus ou moins sec, plus ou moins brûlé, qui ne serait bon qu'à faire un paillis, si on paillait dans les jardins bourgeois.

La troisième sorte, la terre sableuse ou qui manque de cohésion, s'échauffe aisément aux premières chaleurs du printemps; la végétation s'y manifeste plus tôt que dans les autres terres, les récoltes printanières y sont plus précoces et de bonne qualité; mais, dans l'été, la végétation y languit, parce que cette sorte de terre s'échauffe et se dessèche trop; ses produits deviennent coriaces et montent avant le temps. Une telle terre, quoiqu'elle soit des plus faciles à labourer et à dresser, est pourtant des plus coûteuses, étant cultivée en culture maraîchère, parce qu'après le printemps il faut la couvrir d'un paillis plus épais et lui donner des arrosements beaucoup plus nombreux, et que, quoi que l'on fasse, les légumes n'y viennent jamais aussi forts ni aussi beaux que dans une terre plus consistante. L'engrais qui lui convient le mieux est le fumier de vache. C'est dans les années trop humides pour les autres terres que celle-ci donne le maximum de son produit.

CHAPITRE V.

DES EXPOSITIONS ET DES SITUATIONS LOCALES.

Quoique le maraîcher qui s'établit puisse très-rarement choisir le terrain le mieux placé et le mieux exposé, nous devons cependant donner ici une idée des avantages et des inconvénients des diverses expositions et situations locales.

Par situations locales nous entendons :

1° Un marais dont les abords sont faciles ou difficiles, plus ou moins loin de la halle ;

2° Un marais sur un lieu élevé, exposé à tous les vents, avec des puits fort creux, ou un marais dans un lieu bas avec des puits peu profonds ;

3° Un marais placé sur un terrain horizontal ou placé sur un terrain incliné. Nous allons dire notre façon de penser sur ces diverses situations.

1° Un marais dont les abords sont faciles, avec une charrette et le moins loin possible de la halle, sera toujours le plus recherché, si d'ailleurs son terrain est bon ; il économisera beaucoup de temps, mais il sera vendu ou loué le plus cher. Le marais dont les abords sont difficiles avec une charrette, placé sur les derrières ou au fond d'une ruelle non pavée, vaut nécessairement moins, mais le transport des marchandises coûte plus de peines et plus de temps.

2° Nous ne conseillerons jamais à un maraîcher de s'établir sur un lieu élevé exposé à tous les vents et où les puits sont très-creux. Un air modéré est utile à la végétation des légumes, mais les vents violents leur sont nuisibles sous une infinité de rapports, surtout sous celui de leur belle apparence et, par conséquent, de la vente. Ensuite l'eau tirée d'un puits fort creux coûte trop cher, quels que soient les moyens employés pour la faire monter.

3° Un marais placé sur un terrain horizontal est le plus avantageux, d'abord en ce que sa culture est moins fatigante, ensuite en ce qu'on peut diriger l'eau des arrosements au moyen de tuyaux dans toutes ses parties sans dépense extraordinaire.

Un marais en pente, pour peu qu'elle soit sensible, offre plusieurs inconvénients : pendant l'été, au temps des arrosements, il faut une surveillance active pour que l'eau des tonneaux les plus bas ne se perde pas, et pour que celle qu'on jette sur la terre s'imbibe à l'endroit où on la répand.

Malgré ces deux inconvénients, si un maraîcher était forcé de s'établir sur un terrain en pente, nous lui conseillerions de choisir la pente au levant ou au couchant de préférence à celle du midi, à moins qu'il ne fasse absolument que des primeurs ou que le terrain soit assez argileux pour ne pas craindre la chaleur et la sécheresse de l'été. Quant à la pente au nord, il ne faut pas penser à y faire des primeurs ; mais les légumes d'été et d'une partie de l'automne y viendront très-bien. Voyons maintenant les expositions.

En jardinage, le mot *exposition* a un sens assez restreint. Un mur, par exemple, dirigé de l'est à l'ouest forme deux expositions, l'une au midi et l'autre au nord : au midi, la température est plus chaude ; au nord, elle est plus froide ; mais l'effet de ces expositions ne se fait plus sentir à 5 ou 6 mètres du mur.

Un marais à peu près carré peut avoir quatre expositions s'il est clos de murs ; l'une regarde le levant, l'autre le midi, l'autre le couchant et l'autre le nord, et chacune d'elles a des propriétés qui lui sont propres et que nous allons expliquer, en commençant par celle du midi, qui est la meilleure, après avoir dit quelle est la hauteur des murs qui doivent ou peuvent clore un marais.

Une hauteur de 1 mètre 94 centimètres à 2 mètres 27 centimètres est suffisante pour l'exposition du levant, du midi et du couchant ; cependant, si le mur de l'exposition du midi est plus haut, si c'est, par exemple, un bâtiment, l'exposition en serait trop brûlante dans l'été : quant à l'exposition du nord, c'est tout le contraire ; plus le mur est bas, moins elle est mauvaise.

A l'exposition du midi nous établissons une *côtière* ou plate-bande, large de 2 mètres 27 centimètres et aussi longue que le mur, où, à la faveur de ce même mur, nous plantons de la romaine élevée sous cloche dès le mois de février, et nous y semons en même temps des carottes, ou des radis, ou des épinards, ou du persil parmi les romaines; et toutes ces plantes deviennent bonnes à être vendues trois semaines ou un mois avant celles plantées en plein marais; dès le mois de mars nous y contre-plantons nos premiers choux-fleurs de pleine terre élevés sous châssis.

L'exposition du levant ainsi que celle du couchant peuvent avoir aussi chacune leur côtière, mais moins large que celle du midi, et recevoir les mêmes plantés ou semis quinze jours ou trois semaines plus tard, et, comme le soleil ne les favorise que la moitié de la journée, l'une du matin à midi, l'autre de midi au soir, les plantes n'y croissent pas aussi rapidement ou n'y sont pas aussi précoces qu'à l'exposition du midi. Nous devons faire observer, en passant, que, s'il gèle la nuit et que le soleil luise en se levant, les plantes à l'exposion du levant sont exposées à être brûlées par ses rayons.

L'exposition du nord, à cause de sa fraîcheur, ne peut être de quelque utilité dans un marais que dans l'été, pour recevoir les semis ou les plants qui aiment la fraîcheur en cette saison, comme l'épinard, le cerfeuil, la pimprenelle, la poirée, les choux, etc. Il vaudrait mieux qu'un marais n'eût pas de murs de ce côté, ou qu'il n'en eût qu'un très-bas; mais, quand le mur existe, c'est contre lui qu'on élève des hangars pour serrer les coffres à coulisses, les panneaux de châssis et les paillassons quand ils ne servent plus.

Outre les expositions plus chaudes que les murs procurent, ceux-ci ont encore l'avantage de donner la possibilité d'établir des espaliers de vigne ou d'arbres fruitiers dont le produit n'est pas à dédaigner.

Beaucoup de marais à Paris n'ont pas de murs ; mais les maraîchers les remplacent, incomplétement il est vrai, par des brise-vent en paille de seigle, hauts d'environ 1 mètre 50 centimètres. Ces brise-vent forment des abris qui ne produisent qu'une partie des bons effets d'un mur, ils ne peuvent hâter la végétation avec la même rapidité ; mais leur protection n'est pas à dédaigner, et on se trouve bien de les employer, même d'en faire de moins élevés dans différentes parties du marais pour favoriser certains semis ou la croissance de certains légumes. Nous reparlerons des brise-vent dans le chapitre VIII.

CHAPITRE VI.

DES SUBSTANCES AMÉLIORANTES EMPLOYÉES COMME ENGRAIS, AMENDEMENTS STIMULANTS.

Les jardiniers-maraîchers d'aujourd'hui, comme sans doute étaient ceux du temps passé, ne connaissent pour *engrais* et *stimulant* que le *fumier*, l'*eau* et la *chaleur* ; rien de plus. Plusieurs d'entre nous se rappellent, pourtant, avoir vu employer les balayures des rues de Paris pour améliorer la terre de certains marais ; mais cet usage est abandonné depuis longtemps par les maraîchers dans l'enceinte de la capitale, quoiqu'il soit toujours suivi, et avec raison, dans la petite culture des environs.

Nous l'avons déjà dit, il n'y a que les maraîchers qui ne font pas de primeurs, et, par conséquent, pas de couches, qui soient obligés d'acheter du fumier exprès pour fertiliser leur terre ; mais la grande majorité d'entre nous n'en achète jamais pour cet usage ; nos couches à melons dans les tranchées nous fournissent le paillis, et nos couches à melons sur terre nous fournissent le terreau nécessaire à nos cultures ; et, comme nous enterrons en labourant trois ou quatre paillis et autant de terreautages chaque année, cela suffit pour entretenir la fertilité de la terre de nos marais, qui, comme on sait, produisent de plus gros et de plus beaux légumes que dans toute autre culture. Nos arrosements abondants et fréquents, nos paillis qui tiennent la terre fraîche et empêchent les mauvaises herbes de croître, le soin que nous avons de sarcler et biner à propos, contribuent aussi beaucoup à la beauté de nos légumes.

Après cet aperçu général, nous allons faire connaître comment nous obtenons le paillis et le terreau dont nous nous servons, l'usage que nous en faisons et les effets que nous en attendons.

Paillis. — On forme les paillis avec du fumier de cheval, très-court, à moitié consommé. Nous pouvons l'obtenir de trois manières : 1° du fumier de vieilles couches à melons, qui ont été faites dans des tranchées ; 2° de vieilles meules à champignons, qui ne rapportent plus ; 3° des débris de nos tas de fumier neuf, quand nous les démolissons pour faire nos couches. Tous ces fumiers courts et à moitié consommés se secouent avec une fourche, pour en faire tomber ce qui est trop consommé, et ce qui ne l'est pas trop forme le paillis.

Usage du paillis. — Chaque fois que nous labourons une planche et que nous l'avons dressée et râtelée, avant de la planter, nous étendons dessus une couche de paillis épaisse de 6 à 8 millimètres, et de manière à ce que la terre en soit parfaitement couverte, après quoi nous la plantons.

Bons effets du paillis. — Un paillis empêche la surface de la terre de sécher, de se crevasser ou de se fendre ; il la tient fraîche ; il fait que l'eau des arrosements ne s'écoule ni à droite ni à gauche, qu'elle pénètre à l'endroit où on l'a versée, et s'oppose à son évaporation. Sans paillis, nous serions obligés de tripler les arrosements, et encore les légumes ne viendraient pas aussi bien.

Cependant le paillis a, selon nous, un petit inconvénient, qui fait qu'on ne doit pas le répandre sur les planches avant la fin d'avril ou le mois de mai ; c'est qu'il attire l'humidité plus que le terreau ; que, si des légumes tendres sont plantés de bonne heure, des laitues, par exemple, dans une planche couverte d'un paillis, les petites gelées tardives du printemps leur feraient plus de mal que si elles étaient dans une planche couverte de terreau ; c'est pourquoi nous terreautons, mais ne paillons pas les planches ou côtières que nous plantons avant la fin d'avril.

Terreau, terreautage. — Le terreau qu'on emploie dans la culture maraîchère provient du fumier consommé des couches que nous faisons sur terre. Ces couches, produisant plusieurs saisons, sont aussi labourées plusieurs fois, fortement arrosées, et, à l'automne, leur fumier se trouve entièrement décomposé, changé en terreau gras; alors nous le brisons avec une fourche, en le mêlant avec celui qui était sur la couche ; nous le mettons en tas, et nous nous en servons ensuite pour mettre

sur de nouvelles couches et pour faire nos terreau-
tages.

Les couches que nous faisons dans des tranchées
se chargent ou se couvrent avec la terre du sol ;
nous en dirons la raison plus tard : mais celles que
nous faisons sur terre se chargent avec du terreau,
et nous en mettons sur le fumier l'épaisseur d'en-
viron 13 ou 14 centimètres. C'est sur ce terreau,
au moyen de châssis, que nous faisons nos cultures
précoces, que nous semons des radis, des carottes,
de la chicorée sauvage ; que nous plantons des ro-
maines, des laitues, de la chicorée frisée, des choux-
fleurs, etc.

Le terreau nous sert aussi pour terreauter les
planches que nous plantons avant le mois de mai ;
nous l'étendons, de l'épaisseur de 2 ou 3 milli-
mètres, sur la terre et de manière qu'elle en soit
également couverte. Nous terreautons encore en
d'autres saisons, comme on le verra plus tard ;
mais, dans le commencement du printemps, nous
préférons le terreau au paillis pour couvrir nos
planches, parce qu'il n'attire point l'humidité
comme le paillis, que sa surface se sèche aisément
et que les plantes de la planche sont moins expo-
sées à être fatiguées par les petites gelées tardives.
Au moyen des arrosements, les parties alimen-
taires du terreau et du paillis se dissolvent, sont
entraînées par l'eau dans la terre, nourrissent les
plantes, jusqu'à ce qu'elles soient elles-mêmes en-
fouies et profitent à une nouvelle saison.

CHAPITRE VII.

DES EAUX POUR LES ARROSEMENTS.

Jusqu'à présent, les jardiniers-maraîchers, dans l'enceinte de Paris, se servent d'eau de puits pour leurs arrosements. Cette eau est limpide, mais dure et froide. Si, étant tirée du puits, elle séjournait à l'air dans un bassin ou réservoir, elle serait meilleure pour les arrosements; mais l'usage des bassins n'est pas encore admis chez les maraîchers de Paris. Ils ont des tonneaux à moitié ou aux trois quarts enterrés aux endroits les plus convenables dans leurs marais, pour recevoir l'eau qui leur arrive d'un puits par un tuyau souterrain, muni d'autant d'embranchements qu'il y a de tonneaux à remplir. Les marais où l'eau se rend dans les tonneaux, au moyen de caniveaux, sont très-rares aujourd'hui.

Il y a des quartiers dans Paris où l'eau de puits est un peu séléniteuse; quelques fleuristes s'en plaignent; mais nous ne connaissons aucun maraîcher qui dise que l'eau de son puits ne vaut pas celle des autres puits.

Nous savons que l'eau de nos puits est trop froide, et que, si elle était à la température de l'eau de rivière, elle serait bien meilleure pour nos arrosements; mais nous sommes obligés de l'employer telle que nous l'avons : seulement l'expérience nous a appris que quelques légumes, à certaine époque de leur croissance, la craignent quand le soleil luit chaudement.

Il est généralement reconnu que les arrosements du matin et du soir sont les meilleurs. Le soleil venant échauffer la terre arrosée le matin, les plantes, sans aucun doute, doivent s'en trouver bien. Les arrosements du soir sont bons en ce que les plantes ont soif après une journée chaude, en ce que l'eau a le temps de pénétrer pendant la nuit et de rafraîchir les racines des plantes avant d'être excitée à s'évaporer au soleil du lendemain; mais, quand les nuits deviennent froides et longues, les arrosements du soir ne sont plus d'un aussi bon effet, ils peuvent, au contraire, ralentir ou suspendre la végétation, par la fraîcheur de leur eau jointe à celle de la nuit.

Les arrosements du matin et du soir ne suffisent pas chez les maraîchers de Paris; ceux-ci sont souvent obligés d'arroser toute la journée, même par un soleil très-brûlant, avec leur eau très-froide, et c'est dans ce cas qu'ils ont reconnu que le contact du froid et du chaud était préjudiciable à quelques légumes dans un certain état de croissance. Ainsi, quoiqu'il soit de règle, parmi nous, qu'on peut arroser, le matin et toute la journée, toute espèce de légumes non encore parvenus aux trois quarts de leur croissance, il en est d'autres, cependant, qui, arrivés au même point, ne peuvent plus être arrosés, sans dommage, avec de l'eau froide comme celle de nos puits, quand le soleil darde ses rayons avec force ; tels sont les melons, les cornichons, les romaines près de se coiffer, les scaroles, les chicorées bonnes à lier. L'eau froide, jetée sur une romaine échauffée par le soleil, la fait *moucheter,* en terme de maraîcher.

CHAPITRE VIII.

DES OUTILS, INSTRUMENTS ET MACHINES.

Observation. — Nous nous écartons sans doute de l'usage, en plaçant ici les murs et les puits au nombre des instruments ou outils nécessaires à la culture maraîchère ; mais, puisque les murs remplacent les brise-vent et sont beaucoup plus avantageux, puisque les puits sont d'une nécessité absolue dans nos marais, il nous a semblé qu'il valait mieux en parler dans le chapitre des instruments que partout ailleurs.

Arrosoirs. — Quoique l'on fasse des arrosoirs en zinc, en fer-blanc, en cuivre jaune, les maraîchers ne se servent que d'arrosoirs en cuivre rouge, plus lourds et plus chers, mais plus solides et de plus longue durée. Les maraîchers n'emploient que des arrosoirs à pomme, avec lesquels ils exécutent des bassinages très-légers, des arrosements en plein et des arrosements à la *gueule,* c'est-à-dire que, dans des cas, il est plus avantageux de verser l'eau par la bouche de l'arrosoir que par la pomme.

Un arrosoir ordinaire pèse, étant vide, 2 kilogrammes, et contient 10 litres d'eau. Dans les arrosages, un homme porte deux arrosoirs pleins, un à chaque main, et, par un certain mouvement, les vide tous deux à la fois pour abréger le temps, qui est toujours précieux dans notre état. La perfection d'un arrosoir consiste surtout dans l'inclinaison de sa pomme, dans le nombre et la largeur des trous dont elle est percée. Le nombre d'arrosoirs nécessaires dans un établissement est subordonné au nombre d'hommes qui peuvent arroser en même temps dans l'été : chaque paire d'arrosoirs en cuivre rouge (on les nomme aussi *cruches* dans quelques marais) coûte de 28 à 32 francs ; terme moyen. . . . . 30 fr.

Bêche. — La bêche est la charrue du jardinier. C'est une lame de fer en carré long, renfoncée d'une arête en dessous, munie d'une douille par en haut, pour recevoir un manche en bois long d'environ 1 mètre, et acérée et tranchante par en bas. La bêche sert à labourer, retourner et diviser la terre jusqu'à la profondeur de 8 à 10 pouces (22 à 28 centimètres). Il y a des bêches de différentes grandeurs et qualités, proportionnées aux forces de celui ou de celle qui les emploie. Une bêche coûte environ 5 fr.; ci. . . . . 5 fr.

Binette. — C'est une petite lame acérée, munie

d'une douille recourbée en quart ou en demi-cercle, dans laquelle est inséré un manche en bois long de 1 à 2 mètres. La binette sert à remuer la terre dans les plantations où l'herbe commence à croître, afin de la faire mourir; elle coûte 75 centimes ; ci. . . . .   75 c.

Bordoir. — On appelle ainsi un bout de planche en bois, long d'environ 1 mètre et large de 20 centimètres, muni dans son milieu, d'un côté d un petit manche rond en bois, long de 12 centimètres; cet outil sert à border le terreau des couches à cloches ou qui n'ont pas de coffre; pour s'en servir on le pose de champ sur le bord du fumier de la couche, on attire et on presse le terreau contre le bordoir, pour donner de la consistance et de la solidité au terreau. Quand le terreau fait bien la muraille, on glisse le bordoir un peu plus loin; on fait la même opération jusqu'à ce que toute la couche soit bordée.

Avec cet outil, un seul homme peut border une couche; au moyen de son manche, il peut encore battre et affaisser le terreau de la couche quand elle en est garnie, pour qu'il soit moins creux et s'affaisse moins. Les maraîchers font quelquefois leur bordoir eux-mêmes ; s'ils le font faire, il coûte 1 fr. 50 c.; ci. . . . .   1 fr. 50 c.

Brise-vent.—Les brise-vent sont de forts paillassons qui, au lieu d'être cousus en ficelle, sont tenus par trois rangs de lattes attachées avec de l'osier; ils servent à clore les marais qui n'ont ni

murs ni haie, et à faire des abris pour certains se-
mis et plantations : on les plante debout, soutenus
par de forts piquets. Paille, lattes et piquets com-
pris, 2 mètres de brise-vent coûtent environ 2 francs
le double mètre; ci. . . . .   **2 fr.**

Brouette à civière. — Cette brouette est formée
d'une roue en bois et de deux longs mancherons
joints par plusieurs barres transversales qui lui font
un fond à jour; elle n'a rien sur les côtés, mais
seulement une ridelle par devant : elle sert à trans-
porter ce qui a un gros volume et peu de poids,
tel que fumier neuf. Son prix est d'environ 11 fr. ;
ci. . . . .   **11 fr.**

Brouette à coffre. — Celle-ci est moins longue
que l'autre. Le fond, le devant et les deux côtés
sont en planches minces; elle sert pour transpor-
ter du fumier consommé, du terrain, de la terre, des
immondices; il y en a de plus ou moins grandes :
celles dont nous nous servons coûtent 9 francs
l'une; ci. . . . .   **9 fr.**

Calais. — Nous appelons ainsi un petit manne-
quin creux, formé de petites lames en bois de
bourgène, dans lequel nous mettons de l'oseille,
des laitues, etc. : ils coûtent 1 fr. 20 c. la douzaine :
ci. . . . .   **1 fr. 20 c.**

Cale ou *tasseau.* — C'est un morceau de bois
épais de 3 centimètres, large de 10 centimètres et
long de 18 centimètres : il sert pour soulever les
châssis par derrière quand on veut donner de l'air
aux plantes qui sont dessous; on le place sur le

bord du coffre à plat, de champ ou debout, selon la quantité d'air qu'on veut leur donner.

Cannelle.—Il en faut une grosse en cuivre au bas de l'auge ou du réservoir, du prix de. . .   35 fr.

Il en faut une de moindre dimension à chaque tonneau, dans le prix de 8 à 10 francs ; terme moyen. . . . .   9 fr.

Charrette. — Les charrettes dont les maraîchers se servent pour mener leurs légumes à la halle et charroyer leur fumier sont à un cheval : leur prix est de 500 à 550 francs; terme moyen. .   525 fr.

Chargeoir. — C'est une espèce de trépied gros-sièrement fait, muni, en dessus, de deux bras ou bâtons servant de dossier, et sur lequel on pose le bottereau pour le charger de fumier, terre ou ter-reau, etc.; ce chargeoir coûte 5 francs ; ci.   5 fr.

Châssis.— Châssis et panneaux de châssis sont synonymes. C'est un carré en bois de chêne, peint de deux couches à l'huile, qui a 1 mètre 35 centi-mètres sur chaque face et est divisé en quatre par trois petits bois pour soutenir le verre ; les châssis sont indispensables en culture forcée, en ce qu'ils maintiennent la chaleur et l'humidité de la couche, et que la lumière du jour, la chaleur du soleil pé-nétrant au travers du verre, tient les plantes qui sont dessous dans une température favorable à leur croissance ; quand on juge la chaleur trop grande ou que l'on veut faire un peu durcir les plantes, on leur donne de l'air en levant plus ou moins le châssis par derrière. Il va sans dire que, puisque nous n'employons des coffres et des châssis que pour élever des primeurs, ils doivent être inclinés autant que possible toujours vers le midi. Un panneau de châssis en bois de chêne, peint et vitré, coûte de 10 à 12 francs ; terme moyen. . . 11 fr.

Civière. — La civière se compose de deux bras longs de 2 mètres 66 centimètres, assemblés par quatre barrettes longues de 70 à 80 centimètres, placées au centre, à 16 centimètres l'une de l'autre. Dans nos marais, la civière sert particulièrement à transporter les châssis du hangar sur les coffres et des coffres sous le hangar. Deux hommes peuvent porter cinq ou six châssis sur une civière.

Cloches. — Les cloches à maraîchers ont 40 centimètres de diamètre à la base, environ 20 centimètres dans le haut, et leur hauteur est de 36 à 37 centimètres. Autrefois les cloches étaient d'un verre plus vert qu'aujourd'hui ; les maraîchers s'en sont plaints, et maintenant elles sont d'un verre plus blanc, mais plus fragile. L'utilité des cloches dans la culture des primeurs est moins efficace que celle des châssis ; mais leur usage est plus général en ce qu'il est moins dispendieux. Le prix des cloches varie un peu : aujourd'hui on les paye de 80 à 85 francs le cent ; terme moyen. . 82 fr. 50 c.

Coffres. — Il y a des coffres à un ou deux châssis, mais dans nos marais ils sont presque tous à trois châssis. Un coffre à trois panneaux de châssis est un carré long de 4 mètres, large de 1 mètre 33 centimètres, construit en planches de sapin et qui se pose sur une couche ; le derrière est haut de 27 à 30 centimètres, et le devant de 19 à 22 centimètres : nous le préférons en sapin, parce qu'il est moins lourd et moins cher qu'en chêne ; nous ne le peignons pas, parce que la peinture à l'huile peut nuire aux racines des plantes. Le devant du coffre est muni de petits taquets, pour empêcher les châssis de couler, et le dessus est garni de trois traverses fixées à queue-d'aronde, pour maintenir l'écartement et soutenir le bord des châssis. Nos coffres n'ont ni la profondeur ni l'inclinaison de ceux des jardins bourgeois, parce que nous voulons que les plantes soient près du verre ; mais, si nous voulions forcer plus longtemps les plantes qui deviennent hautes, telles que tomates, aubergines, choux-fleurs, nous mettrions deux coffres l'un sur l'autre. Un coffre à trois panneaux de châssis coûte de 7 francs à 7 fr. 50 c. ; terme moyen. . . . . 7 fr. 25 c.

Cordeau. — Un cordeau est indispensable avec le double mètre, pour dresser convenablement les planches et les sentiers. Quant à la grosseur, elle est assez arbitraire. Il se vend au poids, à raison de 1 franc le 1/2 kilogramme ; ci. . . . . . . 1 fr.

Côtière. — C'est, en terme de maraîcher, une plate-bande plus ou moins large, abritée ou protégée par un mur, un brise-vent, une haie contre les vents froids, et où l'on sème ou plante des légumes qui viennent plus tôt qu'en plein carré.

Crémaillère. — C'est un bout de latte en chêne

long de 20 à 24 centimètres, sur un côté duquel sont trois entailles ou crans allongés à 25 centimètres l'un de l'autre, pour soutenir les cloches plus ou moins élevées, lorsqu'on veut donner de l'air aux plantes qu'elles recouvrent.

Double mètre ferré. — Nous avons remplacé la toise par le double mètre, qui a à peu près la même longueur ; il nous sert pour mesurer la largeur de nos planches, afin qu'elles aient de l'uniformité. Quant au tracé des rayons dans une planche avec le bout du double mètre, pour planter des salades, de l'oignon, etc., il n'est pas en usage chez nous ; nous traçons autrement, comme on le verra plus loin. Le double mètre, ferré aux deux bouts, coûte de 1 fr. à 1 fr. 50 c. ; terme moyen. . . . . 1 fr. 25 c.

Fléau. — Un fléau se compose d'un manche long de 1 mètre 50 centimètres, au bout duquel est jointe par des courroies une *latte* ou *batte* de moitié plus courte et beaucoup plus grosse que le manche. Le fléau sert à battre les légumes mûrs dont la graine ne tombe pas aisément, tels que la chicorée : il coûte 1 fr. 50 c. ; ci. . . . . 1 fr. 50 c.

Fourche. — Outil indispensable pour charger et décharger du fumier, pour façonner des couches et briser les mottes de terre sur les planches labourées. La fourche est en fer, composée de trois grandes dents pointues, un peu coudées près de leur origine, pour leur donner la direction convenable à leur usage. Le côté opposé aux dents a une douille pour recevoir un fort manche en bois long de 1 mètre 50 centimètres. Le prix d'une bonne fourche est de 5 fr. à 5 fr. 50 c.; terme moyen. . . . . 5 fr. 25 c.

Gibet. — On appelle ainsi, dans les marais, trois morceaux de bois plantés en triangle autour d'un puits, hauts de 3 mètres, réunis par en haut d'où pend une poulie sur laquelle passe une corde ayant à chaque bout un seau qu'un homme fait monter et descendre à force de bras. Cet appareil ne peut être mis en usage que dans les puits peu profonds ; son emploi diminue journellement dans les marais, et il est remplacé par les manéges et les pompes à engrenages : il coûte, tout monté, de 28 à 30 fr.; ci. . . . . 29 fr.

Hotte. — Les hottes des maraîchers sont à claire-voie et moins grandes que les hottes ordinaires ; il en faut au moins deux douzaines dans la plupart des établissements maraîchers. C'est sur ces hottes que l'on arrange, avec un certain art, les légumes qui doivent aller à la halle, et, quand une hotte est ainsi chargée de légumes, le tout se nomme *voie* : ainsi on dit *une voie de choux-fleurs, une voie de melons*. Un maraîcher dira : *J'ai envoyé aujourd'hui vingt voies de marchandises à la halle.* Les femmes sont plus adroites que les hommes pour *monter* avec goût la marchandise sur une hotte ; aussi ce sont presque toujours elles qui font ce travail. Une hotte coûte de 2 fr. à 2 fr. 50 c.; terme moyen. . . . . 2 fr. 25 c.

Hottereau. — Ce mot, qui semble un diminutif de hotte et devoir signifier une petite hotte, désigne, au contraire, une hotte deux ou trois fois plus grande que les autres. Le hottereau est fait de petit bois et d'osier, comme les hottes ordinaires, et se porte de même sur le dos au moyen de deux bretelles; par son moyen, un homme porte un volume considérable de fumier au moment de faire les couches, et passe où on ne pourrait passer avec une brouette : il sert à porter du terreau sur les couches, sur les planches; il sert pour emporter le vieux fumier des tranchées; enfin le hottereau est un meuble très-utile dans un marais : il coûte 5 ou 6 fr.; terme moyen. . . . .   5 fr. 50 c.

Manége. — On appelle ainsi, dans les jardins, un appareil en forte charpente, servant à tirer l'eau d'un puits au moyen d'un cheval. Il y a des manéges plus ou moins compliqués, en raison des fortunes et des besoins. Voici une description abrégée de ceux qui sont d'un prix intermédiaire. Aux deux côtés opposés de la margelle d'un puits, on plante et on scelle debout, à 2 mètres au moins de distance l'un de l'autre et solidement, deux forts morceaux de bois équarris, hauts d'environ 3 mètres sur 22 centimètres d'équarrissage : on les joint au sommet par une traverse de même équarrissage; ensuite on place une seconde traverse de même diamètre à environ 90 centimètres au-dessous de la première, et il en résulte un cadre ou châssis que l'on divise en trois parties égales par deux forts morceaux de bois équarris, ajustés à mortaise dans les deux traverses : ces deux morceaux de bois sont percés et évidés au milieu, pour recevoir chacun une poulie. Juste en face et à 5 ou 6 mètres du puits, on plante un autre morceau de bois de mêmes hauteur et diamètre, et on le joint au premier bâti par une traverse qui donne de la solidité au tout. Au centre, ou à 3 mètres du puits, on place un arbre tournant verticalement sur deux pivots en fer, l'un en bas sur un dé en pierre et l'autre dans la traverse supérieure ; cet arbre tournant a dans sa partie haute un gros tambour, et une *queue* ou levier fixé à l'arbre, long de 2 ou 3 mètres, qui descend obliquement jusqu'à 84 centimètres de terre, et au bout duquel on attelle un cheval pour tourner l'arbre et le tambour.

On se pourvoit, ensuite, de deux fortes cordes, assez longues pour que, après avoir été attachées au tambour par un bout, l'une dans le bas, l'autre dans le haut, et avoir passé sur les poulies, elles puissent descendre jusque dans l'eau du puits, et qu'elles aient encore 5 à 7 mètres de longueur, pour rester enroulées, l'une à droite, l'autre à gauche, sur le tambour. Ensuite on attache à chaque bout un grand seau de la contenance de 80 à 100 litres, et, quand le cheval fait tourner le tambour, un seau vide descend dans le puits et l'autre remonte plein d'eau. Dans plusieurs marais, une personne est là pour verser l'eau dans une auge ou réservoir ; mais, dans quelques autres, un crochet arrête le seau et le force à se vider de lui-même. Un manége tout monté coûte de 500 à 600 francs; terme moyen. . . . .   550 fr.

Mannes. — Les mannes sont des espèces de corbeilles ou paniers sans anses; elles sont plus ou moins grandes et profondes, et construites en osier. On doit en posséder un certain nombre dans un établissement maraîcher. Elles servent à mettre différents légumes, particulièrement des herbages, pour porter à la halle. Une manne coûte 90 cent.; ci. . . . .   90 c.

Mannettes. — Il y en a de deux sortes; elles sont l'une et l'autre en forme de corbeilles en osier et servent à mettre des melons, des choux-fleurs pour porter à la halle : leur prix est de 50 à 75 centimes l'une; terme moyen. . . . .   60 c.

Maniveau. — C'est une sorte de petit chasseret en osier, qui ne sert guère qu'à mettre des fraises et des champignons pour la vente en détail : ces petits ustensiles se vendent 1 fr. 25 c. le cent; ci. . . . .   1 fr. 25 c.

Mur. — Le plus convenable à clore un marais, du côté du levant, du nord et du couchant, doit avoir 6 à 7 pieds (2 mètres à 2 mètres 33 centimètres) de hauteur, non compris le chaperon qui le surmonte, et 15 pouces (40 centimètres d'épaisseur). Ce mur, construit en moellon et en plâtre, coûte à Paris, le mètre courant, la somme de 10 à 11 fr.; terme moyen. . . . .   10 fr. 50 c.

Paillassons. — Partout les jardiniers font leurs

paillassons eux-mêmes : il y en a de plusieurs grandeurs et épaisseurs; les nôtres ne sont pas très-grands ni très-épais, afin qu'ils ne soient pas trop lourds et qu'ils sèchent promptement après avoir été mouillés par la pluie; leur longueur est de 2 mètres et leur largeur de 1 mètre 33 centimètres. Nous nous en servons pour couvrir nos couches, nos cloches, nos châssis contre le froid et contre la grêle, et quelquefois contre le soleil; nous en employons toujours un très-grand nombre. Il y a des établissements maraîchers qui en ont jusqu'à un mille.

Voici la manière de faire un paillasson de jardinier : sur un sol bien uni et en terre, on fixe de champ deux planches longues de 2 mètres et larges de 10 centimètres, parallèlement à 1 mètre 33 centimètres l'une de l'autre; ces deux planches ainsi placées se nomment *métier à paillasson*, et servent à en fixer la largeur. On divise l'intervalle qu'il y a entre ces deux planches en quatre parties égales, par trois lignes placées à 33 centimètres l'une de l'autre et aussi longues que les planches, et aux deux bouts de chaque ligne on enfonce solidement un petit piquet en bois de la grosseur du doigt, et qui offre une saillie de 4 centimètres au-dessus du sol : les 6 piquets déterminent la longueur qu'aura le paillasson, comme les planches latérales en déterminent la largeur; ensuite on prend de la ficelle dite à paillasson, on la tend fortement d'un piquet à l'autre dans le sens longitudinal en la fixant aux piquets par une patte ou boucle. On a ainsi trois lignes de ficelle longues chacune de 2 mètres; mais on n'a pas dû couper la ficelle à la boucle des piquets du bas du métier ou du côté où l'on doit commencer le paillasson, parce que l'expérience a appris qu'il faut juste le double de ficelle pour coudre le paillasson de ce qui est tendu en dessous : ainsi, après la boucle faite, il faudra mesurer deux fois la longueur de la ficelle tendue, et ménager cette double longueur, ou 4 mètres avant de couper la ficelle; cela apprend de suite, en outre, qu'il faut 18 mètres de ficelle pour faire un paillasson de 2 mètres de longueur.

Les bouts de ficelle ménagés s'embobinent chacun sur un petit morceau de bois en fuseau long de 12 centimètres et dont nous allons voir l'usage.

Les ficelles ainsi tendues, on prend de la paille de seigle bien épurée, bien *égluiée;* on en pose sur les ficelles un lit épais de 1 centimètre et demi, en appuyant le pied de la paille contre la planche qui est de ce côté; on en pose autant de l'autre côté de manière à ce qu'elle se trouve *tête bêche* sur la première; on égalise toute l'épaisseur autant que possible; ensuite on procède à la *couture.* Un ou deux hommes peuvent coudre en même temps un paillasson; on se met à genoux au bas du métier où sont les bobines; de la main gauche on prend une pincée de paille de la grosseur du doigt et on soulève en même temps la ficelle qui est dessous; de suite, avec la main droite, on passe la bobine à droite sous la ficelle tendue, et on la retire à gauche en l'engageant ou la faisant passer entre la pincée de paille et la ficelle de dessus pour former une maille ou un nœud coulant; on reprend une autre pincée de paille, on refait un autre nœud, et tout cela avec moins de temps qu'il n'en faut pour le dire. Enfin, tout compris, un paillasson de 2 mètres de longueur sur 1 mètre 40 centimètres de hauteur revient à 50 centimes ; ci. . . . . 50 c.

Pelle en bois. — Tout le monde connaît la forme d'une pelle de bois; il y en a de plus ou moins grandes : la moyenne convient aux maraîchers; elle leur sert particulièrement pour charger de terre les couches qu'ils font dans des tranchées; quelquefois aussi pour charger quelques-unes de celles qu'ils font sur terre, pour charger un hottereau, une brouette de terreau, de fumier consommé, enfin pour ramasser en tas toute sorte de débris. Une pelle en bois coûte de 1 fr. à 1 fr. 50 c. ; terme moyen. . . . . 1 fr. 25 c.

Pelle anglaise. — Celle-ci peut, jusqu'à un certain point, remplacer la pelle en bois dans tous ses usages; mais, ayant sa lame en fer battu et assez poli, elle est plus commode que l'autre pour manier la terre et le terreau. Une pelle anglaise coûte de 6 à 8 fr.; terme moyen. . . . . 7 fr.

Plantoirs en bois. — Ce sont des morceaux de bois ronds de 4 centimètres d'épaisseur, longs d'environ 26 centimètres, terminés en pointe émoussée par en bas, courbés en bec à corbin par en haut, avec lesquels nous plantons nos salades, oignons et tout ce qui n'est pas trop délicat à la reprise. Après avoir fait le trou avec le plantoir et y avoir fait entrer les racines de la plante, on les fixe convenablement en pressant de la terre contre par un autre coup de plantoir. Nous faisons nous-mêmes ces plantoirs en bois.

Plantoirs ferrés. — Ceux-ci ne diffèrent des précédents qu'en ce qu'ils ont le bas ferré et qu'ils durent plus longtemps : ils servent aux mêmes usages et ne sont peut-être pas aussi bons pour les plantes, à cause de leur dureté et de l'oxyde qu'ils peuvent déposer près des racines. Quoi qu'il en soit, ces plantoirs ferrés coûtent 1 fr. à 1 fr. 50 c. la pièce ; terme moyen......... 1 fr. 25 c.

Pompes à engrenage. — Ces appareils sont encore nouveaux dans les jardins maraîchers de Paris, et il n'y en a encore que peu d'établis, sans doute à cause de leur prix élevé ; mais nous ne doutons pas qu'ils ne se multiplient rapidement, car leurs avantages sont incontestables : ils sont, d'ailleurs, plus ou moins compliqués, sans doute en raison de la profondeur du puits et de la hauteur où ils poussent l'eau au-dessus du niveau du sol : et, quoique l'un de nous en ait fait établir un à son puits, nous nous abstiendrons de le décrire, dans la crainte de n'en donner qu'une idée inexacte ; mais nous pouvons dire que les plus simples coûtent de 1,500 à 1,600 fr., et qu'il y en a qui coûtent jusqu'à

2,600 fr.; terme moyen. . . . . 2,200 fr.

Puits. — Il peut être plus ou moins profond; on peut rencontrer, dans la fouille, des difficultés imprévues; les terres peuvent exiger une bâtisse plus ou moins épaisse, de sorte qu'il n'est pas aisé de dire à l'avance ce que coûtera un puits. Le sous-sol de Paris étant assez bien connu, il y a des entrepreneurs qui font des puits à tant le mètre, en raison de la perfection du travail; mais un puits de maraîcher n'ayant besoin que de solidité, il peut coûter de 90 à 100 fr. le mètre; terme moyen. . . . . 95 fr.

Râteau. — Un râteau est composé d'un morceau de bois appelé *tête*, long d'environ 32 à 45 centimètres, dans lequel sont placées douze ou seize dents en fer. Cette tête de râteau est percée, dans son milieu, d'un trou dans lequel on insère le bout d'un long manche. Le râteau sert à racler, diviser, rendre uni et meuble le dessus des planches où l'on veut faire quelque semis; il sert encore à nettoyer, à enlever les herbes, les ordures qui se trouvent dans les allées et les sentiers : il coûte de 2 fr. à 2 fr. 50 c.; ci. . . . . 2 fr. 50 c.

Ratissoire. — Il y a des ratissoires à pousser et des ratissoires à tirer; il y en a en fer forgé et en fer de faux : celles à pousser sont composées d'une lame large de 7 centimètres et longue de 27 centimètres, ayant une douille au milieu pour recevoir un long manche. La ratissoire à pousser sert pour sarcler d'une manière expéditive dans les grandes plantations, comme dans un carré de choux; la ratissoire à tirer n'en diffère qu'en ce qu'elle est plus courte et que sa douille est courbée en demi-cercle, pour qu'on puisse la tirer à soi en travaillant; elle sert à ratisser les sentiers et les endroits durs. L'une et l'autre coûtent 2 fr. 25 c.; ci.   2 fr. 25 c.

Serfouette. — Il y a des serfouettes doubles et des serfouettes simples. Les doubles ont l'œil au milieu pour recevoir un manche en bois ; d'un côté est une petite lame acérée et de l'autre deux dents : elles sont peu usitées dans nos marais, quoique commodes. Les simples ont l'œil à l'une des extrémités pour recevoir le manche, et l'autre a une lame ou deux dents qui servent à béquiller la terre dans les plantations et la mieux disposer à recevoir les arrosements. Une serfouette coûte 75 centimes; ci. . . . . 75 c.

Tonneaux. — Nous avons déjà dit que les maraîchers placent dans leurs marais, et à des distances convenables, des tonneaux pour recevoir l'eau qui leur arrive du puits au moyen de tuyaux enterrés ou de caniveaux sur terre. Ces tonneaux, enterrés aux trois quarts et plus, sont de deux sortes : les uns sont des barriques à vin, ils sont cerclés en cerceaux de bois liés avec de l'osier et ne coûtent que 5 ou 6 francs l'un ; mais, outre qu'ils ne peuvent que contenir une petite quantité d'eau, ils ont encore l'inconvénient de ne durer que trois ou quatre ans, et leur usage finit par devenir plus cher que l'emploi des suivans.

On préfère aujourd'hui les pipes ou tonneaux à

huile, d'abord parce qu'ils sont plus grands, ensuite parce qu'ils sont cerclés de huit à dix cercles de fer, et que leur bois est imbibé d'huile qui le fait résister à la pourriture douze ou quinze ans. Ces grands tonneaux à huile contiennent environ 540 litres d'eau, et elle y perd de sa crudité comme dans un petit bassin; et, quoiqu'ils nous coûtent 14 et 15 francs l'un, il y a encore du profit à les préférer aux tonneaux à vin; ci. .　14 fr. 50 c.

Tuyaux. — L'eau tirée du puits par un manége ou une pompe à engrenage est versée dans une auge ou petit réservoir plus élevé que le sol du marais. Le fond de ce réservoir, ordinairement doublé en plomb ou en zinc, est percé d'un trou auquel est ajusté un bout de tuyau en plomb, divisé en deux par une grosse cannelle en cuivre, que l'on ouvre et ferme au besoin. Ce tuyau en plomb doit descendre à peu près perpendiculairement jusqu'à 6 ou 8 pouces dans la terre, et là se diriger horizontalement et de manière à ce qu'on puisse y souder la tête du tuyau souterrain qui doit porter l'eau à tous les tonneaux du marais.

Ce tuyau pourrait être en plomb ou en fonte; mais les maraîchers le préfèrent en grès, c'est-à-dire en bouts de tuyaux de grès ajustés bout à bout et mastiqués avec du mastic de fontainier, et, comme il y a de ces tuyaux courbés en forme de T, on peut établir autant d'embranchements que l'on veut sur le tuyau principal.

L'eau entre ordinairement dans les tonneaux par

le trou de la bonde et déborderait souvent par en haut et se perdrait, si l'on n'y remédiait pas de la manière suivante : au lieu que le bout du tuyau qui entre dans le tonneau soit en grès, on le remplace par un bout de tuyau en plomb, muni d'une cannelle en cuivre, que l'on ouvre pour emplir le tonneau et que l'on ferme lorsqu'il est plein.

Il y a des tuyaux en grès de 2 diamètres intérieurs; ceux dont le diamètre a 5 centimètres 1/2 coûtent 68 centimes le mètre, tout posés; ci.   68 c.

Ceux qui ont 8 centimètres de diamètre coûtent 75 centimes le mètre, également tout posés; ci. . . . . 75 c.

Van. — Ouvrage de vannerie de la forme d'une coquille à écrémer, muni de deux anses, et qui nous sert à vanner et nettoyer nos grains. Il y a des vans de plusieurs grandeurs; ceux dont nous nous servons coûtent de 3 à 4 francs. Terme moyen, 3 fr. 50 c.; ci . . . . 3 fr. 50 c.

CHAPITRE IX.

DES OPÉRATIONS DE LA CULTURE MARAICHÈRE.

Observation. — Pour éviter les répétitions et les longueurs dans le chapitre X, où nous expliquons la culture maraîchère dans tous ses détails, nous avons cru devoir donner ici la nomenclature et l'explication de toutes les opérations de culture qui s'exécutent plus ou moins de fois dans le cours d'une année. Ainsi, quand on trouvera, par exemple, dans le chapitre X : on *laboure*, on *terreaute*, on *paille*, etc., si le lecteur ne sait pas ce que sont ces opérations, il en trouvera l'explication dans ce chapitre IX.

Accot, accoter. — Faire un accot, c'est mettre autour d'une couche une ceinture de fumier court, large de 40 à 50 centimètres et de la hauteur de la couche, bien pressé, pour empêcher le froid de pénétrer dans la couche par les côtés. L'accot diffère du *réchaud* en ce qu'il se fait avec du vieux fumier, tandis que le réchaud se fait avec du fumier neuf, chaud, et qui peut s'échauffer et communiquer sa chaleur à la couche qu'il entoure.

Ados. — L'usage des ados est d'une grande importance dans la culture maraîchère de Paris : c'est par le moyen des ados que nous fournissons à la consommation des laitues pommées en novembre et décembre ; c'est sur des ados que, dès octobre et novembre, nous élevons des romaines, des laitues, des choux-fleurs, que nous livrons à la consommation dès le printemps. Nous devons donc expliquer ici, en détail, comment nous formons les ados de nos marais.

Il est rare que nous puissions faire un ados contre un mur à l'exposition du midi, comme l'indique l'Académie ; mais, si nous avons un mur qui nous abrite du vent du nord, nous faisons nos ados de préférence, non contre ce mur, parce que le service en serait difficile, mais à une certaine distance au devant de ce mur. A défaut de mur, nous faisons nos ados en plein carré ; la seule condition indispensable, c'est que ces ados s'inclinent vers le midi.

Notre usage est de faire nos ados larges de 1 mètre 28 centimètres (4 pieds), afin que nous puissions placer dessus trois rangs de cloches en échiquier : cette largeur est la plus commode pour la perfection du travail. Quand nous voulons faire un ados, nous prenons une bande de terre dirigée de l'est à l'ouest et de la largeur indiquée ci-dessus, et, en la labourant, nous la baissons de 16 centimètres (6 pouces) du côté du midi, et l'élevons de 16 centimètres (6 pouces) du côté du nord ; cela donne à l'ados 32 centimètres (1 pied) de pente au midi, et cette pente est celle qui nous semble la plus avantageuse. Le labour étant fait et la terre bien divisée, on prend un cordeau, on le tend sur la crête de l'ados, on en tranche le bord avec une bêche et on le bat avec le dos de la bêche, pour le rendre solide et de manière à former un talus presque vertical au nord de l'ados, et on reverse la terre qui a été retranchée sur le même ados.

Cette opération finie, on prend une fourche à trois dents pour égaliser la terre et briser les mottes de l'ados; on y passe le râteau pour lui donner une surface bien unie avec la pente convenable au midi; ensuite on étend, sur toute la surface, un lit de terreau fin, de l'épaisseur de 3 centimètres; on plombe ce terreau avec le bordoir ou une pelle, et l'ados est fini, il n'y a plus qu'à le planter.

Mais nous faisons presque toujours plusieurs ados les uns devant les autres, et, s'ils étaient près, ils se nuiraient en ce que le côté haut de l'un porterait son ombre sur le côté bas de celui qui serait derrière, et les plantes en souffriraient. Il est donc nécessaire de laisser un sentier large de 96 centimètres (3 pieds) entre chaque ados.

Amender (rendre meilleur). — Quoique ce mot n'exclue aucun des moyens qui peuvent rendre meilleur, les cultivateurs l'emploient pour *rendre la terre meilleure sans y mettre d'engrais*. Ainsi on améliore le sable en y mélangeant une terre argileuse; on améliore l'argile en la mélangeant avec du sable; on rend fertile une terre sèche en l'humectant convenablement, et une terre trop humide en la desséchant jusqu'à un certain point. Enfin il y a des terres qui ne sont stériles que par leur imperméabilité; on les amende en les divisant par des labours et en exposant toutes leurs parties aux influences atmosphériques.

Arroser. — En culture maraîchère, aucune plante ne peut se passer d'arrosement, parce qu'il faut qu'elle croisse vite et bien; un légume convenablement arrosé reste tendre, prend tout son développement, et conserve un aspect de santé avantageux. Les maraîchers arrosent plus que les autres jardiniers; aussi ont-ils généralement de plus beaux légumes; nous ne nous servons que de grands arrosoirs à pomme dans nos marais, et avec eux nous exécutons les bassinages les plus légers aussi bien que les arrosements les plus copieux, à la pomme et à la gueule; dans les marais, on se sert plus souvent du mot *mouiller* que du mot *arroser.*

Quoiqu'il y ait des légumes qui demandent plus d'arrosements que d'autres, il n'est pourtant guère aisé d'établir des règles pour la quantité d'eau à donner à chaque espèce de plante; on sait seulement qu'on ne peut pas leur en donner trop dans les grandes chaleurs accompagnées de grandes sécheresses; mais, dans les autres cas, c'est la pratique et l'observation qui doivent apprendre à modérer ou augmenter les arrosements. Ainsi, au printemps, tant que les gelées tardives sont à craindre, on doit éviter d'arroser après deux heures de l'après-midi, afin que l'humidité de la surface de la terre soit assez dissipée pour ne pas contribuer à augmenter la gelée du lendemain matin. Dans l'été, on peut arroser toute la journée, particulièrement le soir parce que l'eau versée le soir ne se vaporise pas, qu'elle est tout employée au profit des plantes, et que plusieurs d'entre elles croissent plus la nuit que le jour, quand l'humidité ne leur manque pas. Dans l'automne, on ne doit arroser que du matin à deux heures de l'après-midi; plus tard la fraîcheur de l'eau, jointe à celle de la nuit, pourrait ralentir ou arrêter la végétation. Il y a un effet causé par l'arrosement au milieu du jour, que nous expliquerons en traitant de la culture de la romaine.

Nous pensons bien que si nous n'arrosions pas avec de l'eau froide et crue sortant du puits, que si nous avions dans nos marais de larges bassins où l'eau prendrait une température plus élevée, elle en vaudrait mieux pour les arrosements; mais l'usage des bassins n'est pas encore introduit dans la culture maraîchère de Paris, et plusieurs difficultés s'opposent à son introduction; d'ailleurs, nous sommes dans la persuasion que notre eau de puits perd de sa crudité dans le trajet qu'elle fait depuis sa sortie du puits jusqu'à ce qu'elle arrive dans nos tonneaux.

Quoique la manière d'effectuer un arrosage ordinaire à la pomme soit assez simple, elle ne peut cependant s'apprendre que par la pratique; c'est pourquoi nous n'essayerons pas de la décrire; nous dirons seulement qu'il faut que l'eau tombe d'assez haut et qu'elle ne batte pas la terre.

Arroser à la gueule. — On arrose de cette manière quand, au lieu de répandre l'eau par la pomme de l'arrosoir, on la verse par son ouverture, qu'on appelle ici *gueule* : on arrose ainsi certains gros légumes dont les racines ne tracent pas et qui demandent beaucoup d'eau, tels que choux-fleurs, cardons.

Bassiner. — C'est un arrosage à la pomme, mais qui se fait très-légèrement et de manière à ce que l'eau tombe en forme de pluie fine : pour réussir, il faut élever beaucoup l'arrosoir et le promener vivement. Un bassinage ne fait guère que noircir la terre, et ne la mouille guère que jusqu'à la profondeur de 1 ou 2 centimètres : on bassine particulièrement les semis dont la graine est peu enterrée.

Biner. — C'est remuer la terre jusqu'à profondeur de 6 à 10 centimètres, entre des plantes, avec une binette, pour faire mourir les mauvaises herbes qui y croissent et s'empareraient de la nourriture destinée aux plantes. Le binage a encore pour bon effet, en soulevant et ameublissant la terre, de la rendre plus propre à s'imprégner des influences atmosphériques et de mieux s'imbiber de l'eau des arrosements.

Border. — Quand on ne met sur une couche ni coffre ni châssis, il faut border la terre ou le terreau qui est au-dessus, c'est-à-dire élever verticalement la terre ou terreau en forme de petite muraille, haute de 12 à 16 centimètres (5 à 6 pouces) tout autour de la surface de la couche ; et, pour cela, on se sert d'un bordoir (*voyez* ce mot), que l'on place de champ sur le bord de la couche, et contre

lequel on appuie la terre ou le terreau, de ma-
nière à le rendre solide. Quand la longueur du bor-
doir est solidifiée, on le fait glisser un peu plus
loin et ainsi de suite jusqu'à ce qu'on ait solidifié
tout le tour de la couche.

Borner. — Terme de maraîcher qui exprime l'ac-
tion de bien appuyer la terre avec un plantoir,
contre la racine d'une plante, lorsque cette racine
est placée dans le trou qu'on lui a préparé avec le
même plantoir. En terme plus général, c'est raffer-
mir la terre autour des racines d'une plante que l'on
vient de planter.

Bouchonner. — On dit que les melons bouchon-
nent quand, plantés sous cloches, leurs branches
ne peuvent sortir de la cloche pour s'allonger, et
que les feuilles de leurs extrémités restent près à
près comme une sorte de tampon ; cela arrive quand
le froid ne permet pas qu'on les laisse sortir, ou
que l'on oublie de soulever les cloches à propos. Le
bouchonnement contrarie la végétation.

Brouiller. — Si un carré où l'on a passé la ratis-
soire à pousser contenait beaucoup d'herbe et que
l'on craignît de la voir se rattacher et continuer de
vivre, alors il faudrait la brouiller : pour cela on
prend un râteau que l'on passe sur tout le carré en
tirant et poussant de manière à ramener toutes les
herbes à la superficie, où elles se dessèchent et
meurent en peu de temps.

Butter. — C'est amonceler de la terre autour du
pied d'une plante : on butte sous plusieurs points

de vue; ainsi on peut butter le pied de l'aubergine, de la tomate, dans la vue de les maintenir droites et dans celle d'augmenter le nombre de leurs racines pour leur donner plus de vigueur. On butte les pommes de terre dans la vue d'augmenter le nombre de leurs tubercules, ce à quoi on ne parvient pas toujours ; on butte le céleri, les cardes, pour les faire blanchir et les rendre plus tendres, etc.

Charger une couche. — C'est placer dessus la terre ou le terreau nécessaire pour la croissance des plantes qu'on veut y cultiver.

Clocher. — C'est mettre une cloche sur un semis pour favoriser la germination ; sur un pied de laitue, de romaine, de melon nouvellement planté, pour en favoriser la reprise en le mettant à l'abri du vent, du froid. Une *clochée* est ce qui tient sous une cloche.

Coiffer. — Quand la romaine a acquis presque toute sa grosseur, le sommet de ses feuilles se rabat en dedans en forme de capuchon, et tous ces sommets, se recouvrant les uns les autres, cachent le cœur de la plante ; on dit alors *la romaine se coiffe* ou *la romaine est coiffée, la romaine se coiffe bien* ou *se coiffe mal.* Dire *la romaine pomme* ou *se pomme* n'est pas aussi exact que de dire *la romaine se coiffe.*

Contre-planter. — Dans les marais, on n'attend pas toujours qu'une planche soit vide pour la replanter. Quand une planche de romaine, par exemple, est aux trois quarts venue, on contre-plante entre ses rangs d'autres rangs de scarole ou de chicorée qui remplace bientôt la romaine.

Couche mère. — Nous nommons ainsi une couche destinée à faire germer des graines, celles particulièrement de nos melons : nous la faisons carrée et lui donnons 1 mètre 65 centimètres sur chaque face et 66 centimètres de hauteur ; nous plaçons dessus un coffre à un seul panneau et la chargeons de terreau, dans lequel nous mettons nos graines en germination, telles que melon, concombre, chicorée, aubergine.

Couche pépinière. — Celle-ci se fait de mêmes largeur et hauteur que la précédente, mais trois fois aussi longue, ou assez longue pour contenir un coffre à trois panneaux. On charge cette couche de terreau et on y repique le plant provenant des graines de melon ou autres qu'on a fait germer sur la couche mère.

Couche d'hiver. — Le nom de cette couche indique qu'elle doit être assez épaisse pour produire une chaleur capable de résister au froid de la saison, avec le secours des accots et de couvertures. Elle se charge ordinairement de coffres, de châssis et de terreau, dans lequel on plante des laitues-crêpes ou petites noires, et où l'on sème des carottes, des radis, etc. ; mais, quand on veut y planter des cantaloups, petits prescotts, on met, dans les coffres, de la terre mélangée de terreau, au lieu de terreau pur. Nous faisons nos couches d'hiver hautes de 54 à 60 centimètres (20 à 22 pouces).

Couche de printemps. — La seule différence de celle-ci avec la précédente est que, vu le moins de danger de la gelée, on ne la fait épaisse que de 40 à 48 centimètres (15 à 18 pouces).

Couches en tranchées. —Cette sorte de couche est particulièrement employée à la culture des melons cantaloups de la seconde saison, sous châssis. On fait d'abord une tranchée large de 1 mètre, profonde de 33 centimètres, et la terre se porte où l'on doit faire la dernière tranchée : on fait une couche haute de 66 centimètres dans cette première tranchée, ensuite on ouvre une seconde tranchée semblable et parallèle à la première, distante de 66 centimètres, et la terre qui en sort se dépose sur la première couche. Quand la couche de la seconde tranchée est faite, on ouvre une troisième tranchée, dont la terre se jette sur la seconde couche et ainsi de suite, jusqu'à la fin, où l'on trouve la terre de la première tranchée pour charger la dernière couche.

Les maraîchers de Paris font beaucoup de couches en tranchées pour la culture des cantaloups de seconde saison, qui est celle sur laquelle ils comptent le plus. On pose, au fur et à mesure, des coffres sur toutes ces couches. on étale et ameublit la terre, on place les panneaux, et on plante deux pieds de melons par châssis.

Couche sourde. — Nous croyons devoir adopter ce terme, qui est plus significatif que celui de *couche à cloches* employé dans nos marais. Elle a beaucoup de rapport avec la couche en tranchée, mais elle en diffère 1° en ce que la tranchée n'a que 66 centimètres de largeur; 2° en ce que la couche est bombée en dessus en dos de bahut; 3° en ce qu'on y plante des melons sous cloches, au lieu de les planter sous châssis. Ces différences tiennent à ce que, quand on fait les couches sourdes, il ne fait plus aussi froid que quand on fait les couches en tranches.

Coup de feu. — On dit qu'une couche est dans son coup de feu quand le fumier qui la compose est parvenu à développer sa plus grande chaleur, et cette chaleur est d'autant plus grande qu'elle a été faite avec du fumier de cheval plus neuf. Le coup de feu se développe trois ou quatre jours après que la couche est chargée, et peut durer cinq ou six jours. Un thermomètre plongé à 8 centimètres de profondeur dans le terreau d'une couche pendant son coup de feu peut marquer jusqu'à 50 degrés centigrades. En général, on attend que le coup de feu soit passé ou que la chaleur du terreau soit descendue à 30 degrés centigrades pour planter sur une couche neuve; mais les maraîchers craignent moins le coup de feu que les autres jardiniers parce qu'ils ont toujours des tas de fumier amassé d'avance depuis deux, quatre et six mois, qui a perdu son feu, mais qui reprend de la chaleur étant mouillé et mélangé avec du fumier neuf pour faire des couches, et ces couches développent une chaleur plus modérée et qui se conserve plus longtemps que dans une couche montée avec tout fumier neuf.

Nous devons faire remarquer ici que le fumier d'auberge est plus chaud que celui de caserne, que celui des chevaux entiers est plus chaud que celui des chevaux hongres, et que nous avons des exemples que la vapeur qui s'échappe du fumier de chevaux entiers a quelquefois tué du jeune plant de melon sous châssis lorsqu'elle y était concentrée ou retenue.

Déclocher. — C'est ôter les cloches de dessus les plantes, quand elles n'y sont plus nécessaires; le déclochement général se fait ordinairement dans le commencement de juin, quand la saison est devenue suffisamment chaude.

Dédosser. — On dédosse l'ail, l'échalote, l'appétit en séparant les caïeux que ces plantes produisent à leur pied; et, par extension, le même mot s'applique aussi aux plantes qui pullulent beaucoup du pied, comme la menthe, l'estragon; on les dédosse en divisant leur grosse touffe en plusieurs petites pour les multiplier.

Défoncer. — C'est labourer la terre deux, trois ou quatre fois plus profondément que dans les labours ordinaires, et cette plus grande profondeur exige que l'on emploie des procédés différents. On défonce, dans le but d'améliorer la terre jusqu'à une certaine profondeur, jusqu'à l'endroit où les racines peuvent s'étendre; c'est pourquoi on défonce plus profondément où l'on veut planter des arbres qu'où l'on veut cultiver des légumes. Quand le sous-sol est de mauvaise nature, un fonçage peut rendre la terre stérile pour quelque temps en ramenant la mauvaise terre à la superficie ; mais nous ne nous exposons jamais à cet inconvénient en culture maraîchère, il faut que notre terrain rapporte de suite et beaucoup. Si un terrain neuf sur lequel nous voulons établir un marais n'a que 30 centimètres de terre végétale et que le sous-sol soit un tuf dur et compacte, nous nous gardons bien de le défoncer ; mais, si la terre, sans changer de nature, comme cela arrive souvent, perd de sa fertilité à mesure qu'elle est plus profonde, et qu'elle ait, par exemple, de 60 centimètres à 1 mètre ou plus d'épaisseur, alors nous la défonçons jusqu'à la profondeur de 40 centimètres : si elle nous semble trop légère ou trop sableuse, nous y mêlons du fumier de vache ; si elle nous semble trop compacte ou trop argileuse, nous y mêlons du fumier de cheval. Nous savons bien que, pour amender ou améliorer une terre trop forte, trop compacte, le meilleur moyen est d'y mélanger du sable en quantité convenable ; mais jusqu'à présent ce moyen n'a pas encore été mis en usage dans la culture maraîchère.

Dans une défonce, on a deux buts principaux : le premier, c'est de ramener les couches inférieures du sol à la superficie, pour qu'elles s'améliorent par les influences atmosphériques, par la culture et les engrais, tandis qu'on remet la couche supérieure améliorée à la place qu'elles occupaient; le second but est de rendre toute la terre de la défonce plus perméable à l'air, à la chaleur et aux arrosements.

Pour défoncer, on ouvre à la bêche ou à la houe, dans le bout du terrain, une tranchée d'une longueur proportionnée au nombre d'ouvriers employés, large de 50 centimètres, profonde de 40, et on emporte la terre où doit se terminer la défonce; on attaque ensuite une même largeur de terre le long de cette tranchée, on jette la terre supérieure dans le fond, et les couches inférieures de cette nouvelle fouille se placent sur celle qui est déjà dans le fond, en mêlant l'engrais nécessaire dans le milieu de ces couches, à mesure qu'on les pose sur la première. Après cette opération, la première tranchée est remplie, et on en a une autre à côté, que l'on remplit comme la première, et ainsi de suite jusqu'à la fin de la pièce où l'on trouve la terre de la première tranchée pour remplir la dernière.

Dresser une planche, c'est en fixer la largeur et la niveler après qu'elle est labourée. Notre intérêt étant de travailler vite et de prendre le moins de terrain possible, nous faisons nos planches plus larges qu'on ne les fait dans les potagers, et nous avons moins de sentiers. Pour dresser une ou plusieurs planches, il faut avoir sous la main un double mètre ou un bâton long de 2 mètres 33 centimètres (7 pieds), un cordeau, une fourche et un râteau.

Avec le double mètre, nous fixons la largeur d'une planche, qui, dans nos marais, est toujours de 2 mètres 33 centimètres (7 pieds). Avec le cordeau, nous traçons les deux sentiers qui doivent régner de l'un et l'autre côté de la planche ; chaque sentier doit avoir 33 centimètres (1 pied) de largeur, et nous le marquons en le trépignant. Avec la fourche, nous brisons les plus grosses mottes qui sont à la surface de la planche, et avec le râteau, qui, chez nous, tient lieu de herse, nous retirons sur les sentiers les petites mottes qui ne peuvent passer entre ses dents : par ce moyen, nos sentiers sont plus hauts que les planches, et l'eau des arrosements est retenue sur les planches.

Éclaircir. — C'est arracher une partie des jeunes plantes qui se gênent réciproquement pour avoir été semées trop épais. Nous éclaircissons dans trois intentions différentes :

1° Nous éclaircissons nos semis en prenant çà et là du plant pour le repiquer ailleurs.

2° Nous éclaircissons nos carottes forcées, nos radis en prenant çà et là les plus avancés pour la vente, ce qui fait de la place aux autres.

3° Nous éclaircissons nos semis d'oseille, d'épinards, quand ils nous paraissent avoir levé trop dru ; dans ce dernier cas seulement, ce que l'on arrache est perdu, mais ce qui reste profite davantage.

Émailler (ôter les mailles). — En termes de jardinage, la fleur femelle du melon s'appelle *maille*, et la fleur mâle s'appelle *fausse fleur*. Les maraîchers ont observé dans leur culture que, quand un pied de melon avait un certain nombre de mailles, elles se nuisaient réciproquement, et que souvent aucune ne nouait : à force d'examen, ils sont parvenus à reconnaître la mieux conditionnée de toutes ces mailles, et ils détachent toutes les autres; c'est cette opération qu'ils appellent *émailler*.

Engraisser. — Quand on veut mettre un terrain neuf en marais, on l'engraisse par tous les moyens connus, s'il en a besoin; mais, une fois en état d'être cultivé en marais, on n'y met plus d'engrais du dehors; sa fertilité s'entretient par les terreautages, les paillis et les débris de vieilles couches. Il ne faut pas même que la terre d'un marais soit trop grasse ou trop fertile; la preuve, c'est que tous les maraîchers qui font beaucoup de couches vendent une partie de leur terreau.

Engrais. — On appelle engrais un grand nombre de substances animales ou végétales qui, mêlées à la terre cultivable, l'améliorent et la rendent plus fertile; mais les maraîchers de Paris ne connaissent dans leur culture d'autres engrais que le fumier de cheval et celui de leurs lapins, quand ils en ont; et ce fumier, ils l'enterrent très-rarement en nature; ce n'est qu'après qu'il leur a servi à faire des couches, des paillis, qu'ils en enterrent les débris. Nous l'avons déjà dit, ce n'est pas à force d'engrais que nous obtenons de beaux légumes, c'est par notre manière de travailler et nos arrosements à propos.

Entre-planter. — C'est planter en même temps deux espèces de plantes. En plantant, par exemple, une côtière en romaine, on laissera deux ou trois lignes vides pour y entre-planter des choux-fleurs.

Empailler les cloches. — Quand les cloches ne sont plus nécessaires dans la culture maraîchère, on les empaille d'abord, ensuite on les met en route (*voir* ce mot) : pour les empailler, on commence par se munir de litière douce, sèche et flexible, prise dans un tas de fumier neuf; ensuite on met une cloche debout; on lui met un peu de litière sur la tête et sur les côtés; on fait entrer une autre cloche sur cette garniture en l'appuyant un peu; on remet un peu de litière sur la tête de celle-ci et une troisième cloche par-dessus. On peut mettre ainsi cinq cloches l'une sur l'autre, et le tout s'appelle un *paquet de cloches;* il n'y a plus qu'à les mettre en *route* (*voir* ce mot). Mais, en faisant ces opérations, on trouve toujours quelques cloches filées ou cassées; alors on les met de côté, et on les raccommode de la manière suivante. On prend du blanc de céruse le plus fin; on le délaye en bouillie épaisse; on en met sur le bord des morceaux de cloche, on les rapproche et on les fixe avec un ou plusieurs petits morceaux de verre enduits du même blanc, que l'on place sur la cassure. Quand le blanc est sec, la cloche est plus solide qu'auparavant.

Étêter. — C'est couper la tête d'une plante avec les ongles ou avec un instrument tranchant. En culture maraîchère, on n'étête guère que les me-

lons, les concombres et les tomates. On étête les
melons quand ils ont deux feuilles, les concombres
quand ils en ont de deux à quatre, et les tomates
quand les plantes ont environ 1 mètre de hauteur.
Il y a quelques vieux jardiniers qui désignent en-
core l'étêtage des melons par le mot impropre
châtrer.

Frappé. — Quand un melon est près de mûrir,
on s'en aperçoit en ce qu'il change de nuance; sa
couleur devient plus pâle, sa queue se cerne; alors
il est frappé et bon à cueillir; quelques jours après,
il sera bon à être mangé. Ce changement, arrivant
du jour au lendemain, du matin au midi, est re-
gardé comme arrivant subitement, ou comme frap-
pant le melon à l'improviste.

Fumer. — C'est enterrer du fumier dans la cou-
che supérieure de la terre pour lui donner la ferti-
lité qu'elle n'a pas ou pour augmenter celle qu'elle
a déjà. Ce moyen nous l'employons, s'il est néces-
saire, quand nous voulons établir une culture ma-
raîchère dans une terre qui n'a jamais été cultivée
de cette manière; mais, une fois amenée à l'état qui
convient à nos cultures, nous n'y enterrons plus de
fumier; les débris de nos couches suffisent pour
entretenir la fertilité qui nous est nécessaire.

Fumier neuf. — Les maraîchers de Paris n'em-
ploient que du fumier de cheval, provenant des
nombreux équipages de la capitale, et les chevaux
de ces équipages étant toujours tenus proprement,
leur fumier n'est jamais consommé; les maraîchers

l'enlèvent au moins une fois par semaine, de sorte qu'ils en amènent, la plupart, d'une à trois voitures par jour, qu'ils placent en meules dans leurs marais, pour s'en servir, l'hiver, à faire des couches. Nous avons reconnu par l'expérience que la vapeur qui s'échappe du fumier de chevaux entiers contient quelque chose de nuisible aux jeunes plantes; nous avons vu des jeunes plants de melon tués par cette vapeur; le fumier des chevaux hongres ne produit pas le même effet.

Mais ce fumier ainsi amoncelé s'échauffe, jette son feu, comme l'on dit, et, après environ un mois, il a perdu sa chaleur, s'est desséché et n'est plus du fumier neuf.

Fumier vieux. — Depuis la fin de mai jusqu'au mois de novembre, les maraîchers de Paris ne font pas de couches, et cependant il continue de leur arriver d'une à trois voitures de fumier neuf par jour, qu'ils empilent en plusieurs meules et dont ils se serviront plus tard. En restant ainsi amoncelé pendant six, cinq, quatre, trois, deux et un mois, il perd sa chaleur et son titre de fumier neuf, et prend celui de fumier vieux.

En novembre, on commence à faire des couches, et, comme il arrive journellement du fumier neuf, on réchauffe le fumier vieux en le mêlant par moitié avec le neuf, en l'arrosant s'il est nécessaire, et par ce mélange on obtient des couches dont la chaleur est plus modérée et se prolonge plus longtemps que si elles étaient faites avec tout fumier neuf.

Herser, râteler. — Ces deux mots sont synonymes chez les maraîchers. Nous n'employons jamais de herse, mais nous exécutons le hersage avec la fourche et le râteau : ainsi, quand on a labouré une planche dans l'intention de la semer, la superficie de la terre n'est jamais divisée assez finement pour que la graine s'y répande également. S'il y a de grosses mottes, on commence par les briser avec une fourche, ensuite on y passe le râteau pour achever de briser ce qui a échappé à la fourche, et ramener sur le sentier les petites mottes qui servent à le rendre plus élevé que la planche, ce qui est avantageux pour les arrosements en ce que l'eau est empêchée de s'écouler dans le sentier.

Irrigation. — Il serait peut-être économique d'arroser par irrigation plusieurs de nos marais, ceux surtout où l'on ne fait que peu ou point de couches ; mais cet usage ne s'est pas encore introduit dans la culture machaîchère de Paris.

Jauge. — On appelle ainsi l'espèce de fossé que celui qui laboure doit toujours avoir devant lui entre la terre labourée et celle qui ne l'est pas encore.

La jauge doit être aussi profonde que le labour et avoir une largeur d'environ 30 décimètres, afin que l'ouvrier puisse voir si les bêchées de terre qu'il renverse continuellement sur l'autre bord de la jauge se divisent convenablement d'elles-mêmes, et pour les diviser lui-même à coups de bêche si elles ne le sont pas assez.

Labourer est pour nous synonyme de *bêcher*. Ce terme signifie remuer et retourner la terre avec une bêche jusqu'à la profondeur de 18 à 26 centimètres, en ménageant devant soi une *jauge* et reversant sa bêche un peu en avant, en la brisant et la divisant le plus possible en la tenant toujours au même niveau. Comme on ne peut pas faire un lit trop doux aux graines et aux racines des plantes, on doit labourer la terre toutes les fois qu'on a besoin de la semer ou de la planter. Si on laboure par la grande pluie, le travail ne se fait pas aussi bien, en ce que la terre se divise mal, qu'elle se met même en pelotes qui durcissent ensuite et nuisent aux racines délicates. Si on laboure quand la terre est croûtée par la gelée, les croûtes qu'on enterre sont longtemps à dégeler et déterminent, dans la terre, des cavités qui ne sont pas moins nuisibles que des mottes.

Monter une couche. — Les maraîchers de Paris, faisant beaucoup de couches, sont obligés d'amasser une grande quantité de fumier d'avance, qu'ils empilent en gros tas ou *meules,* pour s'en servir au besoin. En novembre, qui est l'époque où l'on fait les premières couches, tel maraîcher a deux cents voitures de fumier, amassé successivement, en quatre ou cinq meules, depuis le mois de juin jusqu'alors : ce fumier s'est desséché et a perdu son premier feu, en raison du temps qu'il est resté en meule, et s'appelle *vieux fumier;* mais, en le remuant, le divisant, le mouillant et le mélangeant avec du fumier neuf, il reprend de la chaleur. On appelle *fumier neuf* celui qui arrive journellement dans le marais, pendant tout le temps que l'on fait des couches, et qui ne reste pas plus de 15 à 30 jours en meule. Celui-ci n'a pas perdu sa chaleur et réchauffe le vieux fumier avec lequel on le mêle par moitié, plus ou moins, dans la confection des couches.

Monter ou faire une couche sont synonymes, mais le premier terme est plus usité que le second. Quand donc on veut monter une couche sur terre, pour y mettre des panneaux, des châssis ou des cloches, nous conseillons de lui donner toujours la largeur de 1 mètre 65 centimètres (5 pieds). Quant à la longueur, elle est subordonnée au besoin et à l'emplacement. On fiche d'abord quatre petits piquets aux quatre encoignures de la place; on tend un cordeau d'un piquet à l'autre de chaque côté, et on plante quelques piquets dans cette longueur, pour servir de guide d'un côté, et autant de l'autre côté ; puis on apporte, dans cet emplacement, une forte chaîne de fumier vieux et à côté une autre chaîne de fumier neuf, que l'on mêle à partie à peu près égale, en commençant par un bout et le posant par la fourchée et de la même épaisseur sur l'emplacement; on le dépose par lits toujours égaux, en élevant les bords de la couche bien verticalement, en appuyant et pressant avec la fourche chaque fourchée de fumier. Pour rendre le bord de la couche plus propre et plus solide, on le monte en *torchées*, c'est-à-dire en fourchées de fumier pliées en deux et dont on place le dos sur le bord de la couche. L'ouvrier travaille toujours en reculant; il se retourne pour mélanger et prendre le fumier qui est derrière lui, pour le placer sur la couche qui est devant lui; enfin l'art de bien monter une couche consiste à bien mélanger le fumier, à en mettre une égale épaisseur partout, à le bien tasser, à élever les bords bien perpendiculairement, à prendre garde surtout que quelques endroits ne s'affaissent plus que d'autres quand on chargera la couche de terre ou de terreau. Quant à l'épaisseur ou hauteur qu'une couche doit avoir, cela est subordonné à la saison et à l'usage qu'on veut en faire : on fait des couches dont l'épaisseur varie depuis 40 jusqu'à 66 centimètres (de 15 pouces à 2 pieds); on a égard au degré de sécheresse ou d'humidité du fumier pour l'arroser, s'il en a besoin, et l'aider à entrer en fermentation.

Mouiller (synonyme d'arroser). — On se sert plus souvent du premier de ces termes que du second dans les marais de Paris.

Nouer. — Tant que les mailles jeunes ou fruits du melon ne sont pas plus gros qu'un œuf de pigeon, ils sont susceptibles de jaunir et de tomber; mais quand ils sont parvenus à cette grosseur, s'ils ne doivent pas tomber, on les voit grossir rapidement : alors on dit qu'ils sont *noués*.

Pailler. — C'est couvrir une ou plusieurs planches ou un carré entier d'un lit de fumier court à moitié consommé, épais de 3 à 4 centimètres, le plus également possible, et de manière qu'on ne voie plus la terre. Le paillis a pour effet de tenir la terre humide, de faciliter l'imbibition de l'eau des arrosements, de s'opposer à son évaporation, de céder ses parties nutritives à la terre au profit des plantes ; le paillis attirant l'humidité plus que le terreau, on doit ne commencer à l'employer qu'à la fin d'avril.

Pincer. — C'est saisir entre les doigts les aigrettes de certaines graines de la famille des composées, afin d'obtenir les graines pures ; dans ce cas, il faut revenir huit ou dix fois à la même plante pour en pincer toutes les graines.

Panneauter, dépanneauter. — Le premier de ces termes signifie mettre les panneaux de châssis sur les couches ; le second signifie ôter les panneaux de châssis de dessus les couches quand ils ne sont plus nécessaires : alors on les empile sous un hangar à l'abri de la pluie.

Planter. — C'est mettre les racines d'une plante en terre avec certaines conditions. Les plantations du maraîcher sont des plus simples et des plus aisées ; opérant toujours avec de très-jeunes plantes, les difficultés qu'on éprouve à planter de gros arbres ne le regardent pas. D'abord il a soin de plomber, c'est-à-dire d'affaisser la terre où il veut planter, car il sait que la terre veule ou creuse n'est pas favorable à la prompte reprise des plantes. Le maraîcher n'a guère que deux manières de planter, celle à la main et celle au plantoir. La première manière ne se pratique guère que pour les melons, les concombres, les aubergines, les tomates ; la seconde manière s'applique aux autres plantes.

Plomber. — C'est affaisser un peu le terreau ou la terre nouvellement remuée, afin que les graines et les racines des jeunes plantes s'y attachent mieux. Nous remplaçons toujours ce mot par celui de *trépigner* quand nous plombons nos planches. Nous plombons toujours avec le *bordoir* le terreau sous nos châssis, sur nos endos, et quelquefois avec la main quand nous repiquons du très-jeune plant sous cloches. On plombe une planche nouvellement semée, en la *trépignant* avant de la terreauter ou de la pailler, c'est-à-dire en se promenant dessus à très-petits pas, serrant toujours les pieds de manière à affaisser également toute l'étendue de la planche. Enfin, comme, dans nos marais, nous ne nous servons jamais de cordeau pour tracer les lignes où l'on doit planter des laitues, des romaines, etc., c'est encore avec les pieds, en trépignant, terme de maraîcher, que nous traçons ces lignes.

Pommer. — On dit *les choux pomment, les laitues pomment,* quand, à un certain âge, les feuilles intérieures de ces plantes s'appliquent fortement les unes contre les autres et forment une tête compacte, arrondie, ovale ou conique. Les feuilles enfermées, privées d'air et de lumière, sont alors blanches, plus tendres et meilleures, selon notre goût.

Rabattre l'air. — C'est abaisser en partie ou entiè-rement les châssis ou les cloches qui étaient soule-vés d'un côté, pour que les plantes qu'ils renfer-ment ne soient plus frappées par l'air.

Ratisser. — Nous employons les deux sortes de ratissoires connues dans nos marais, celle à tirer et celle à pousser : la première nous sert à ratisser ou couper par la racine les mauvaises herbes qui crois-sent dans nos sentiers ou autres parties dures; l'autre nous sert, avec beaucoup d'économie de temps, à couper entre deux terres les mauvaises herbes qui croissent dans les plantations de gros légumes, tels que choux, cardons, tomates; cette ratissoire a encore l'avantage de remuer la terre à la profondeur de 1 ou 2 centimètres, de l'empêcher de croûter ou de durcir, et lui conserve sa faculté attractive.

Réchaud, réchauffer. — Un réchaud se fait en entourant une couche de fumier neuf bien pressé, de la largeur de 40 à 60 centimètres et de la hau-teur de la couche. Il diffère de l'accot en ce qu'il se fait avec du fumier neuf, chaud, ou qui peut s'échauffer, réchauffer ou entretenir la chaleur de la couche.

Retirer l'air. — *Voir* Rabattre l'air.

Retourner une couche. — Il y a une ellipse dans cette phrase familière aux maraîchers de Paris; il faudrait dire, pour rendre leur pensée, *retourner le terreau d'une couche*. En effet, quand une couche est vide, on laboure, on *retourne* le terreau se u pour y planter d'autres légumes, mais on ne retourne pas la couche.

Retransplanter, rechanger. — Quand les mois de novembre et décembre sont doux, les plants qui sont sous cloches, sur les ados, grandissent trop vite, et, pour arrêter leur croissance, on les déplante pour les replanter sur d'autres ados, en leur donnant un peu plus d'espace ; cette *retransplantation* les retarde d'une quinzaine de jours.

Route (mettre des cloches en route). — Cette expression n'est peut-être pas très-juste, et celle de mettre les cloches en ligne conviendrait probablement mieux ; mais elle est consacrée dans nos marais, et nous n'avons pas mission de la changer.

C'est ordinairement dans le commencement de juin que les cloches ne sont plus nécessaires, et qu'après les avoir empaillées on les met en route, où elles restent jusqu'en octobre, époque des semis sur ados. Il est donc question de mettre à l'abri deux ou trois mille cloches pendant ces trois ou quatre mois ; pour cela, on choisit dans le marais un endroit dont on n'a pas un pressant besoin et à l'abri des chocs extérieurs ; on y étale un lit de fumier non consommé, large de 80 centimètres, épais de 16 centimètres et d'une longueur relative au nombre de cloches que l'on a à y placer. On apporte les cloches déjà empaillées sur paquets ; on couche un paquet sur le lit de fumier en commençant par un bout ; après, on met un peu de litière dans la cloche du bas du premier paquet, l'on y enfonce la tête de la dernière cloche du deuxième paquet, et ainsi de suite ; on place, de cette manière et dans le même sens, deux rangs de cloches, en ayant soin de mettre de la litière assez épais entre les deux rangs : quand ces deux rangées sont faites, on met par-dessus un lit de litière épais de 15 centimètres, sur ce lit on place un troisième rang de cloches qui pèse entre les deux premiers, et on couvre le tout de grande litière et assez épais pour que l'eau des pluies ne pénètre pas jusqu'aux cloches, car, si elle pénétrait, la paille s'attacherait aux cloches, et elles pourraient se casser quand on voudrait les retirer.

Saison. — Pour le maraîcher, saison veut dire *récolte.* Si un semis, une plantation ne réussit pas, il dira : *J'ai perdu une saison ;* s'il fait quatre récoltes dans une planche en deux mois, il dira : *J'ai fait quatre saisons entre deux mois dans cette planche.*

Sarcler, ésherber. — Ces deux termes sont à peu près synonymes quant à leur fin. Sarcler, c'est gratter un peu la terre avec un sarcloir, petit instrument en forme de serpette, et couper la racine des mauvaises herbes en ménageant celle des bonnes ; ésherber, c'est arracher à la main les mauvaises herbes qui croissent parmi les bonnes. On ne sarcle et on n'ésherbe que dans les herbages semés dru, tels que l'oseille, le persil, les épinards, où la binette ne pourrait être employée sans inconvénient : ce sont toujours les femmes et les enfants qui ésherbent et sarclent dans les marais, et ils font ces opérations le plus souvent en cueillant ces mêmes herbages.

Semer. — C'est confier des graines à la terre, afin qu'elles germent et se développent en plantes. Le maraîcher de Paris plombe ou affaisse toujours la terre où il veut semer des graines, parce que les racines s'y établissent mieux que dans une terre veule ou creuse. Il sème dru ou clair, selon son point de vue : clair, si le plant doit rester en place ; dru, si le plant doit être replanté. Quant à la profondeur à laquelle les graines doivent être enterrées, le maraîcher suit la règle établie à ce sujet.

Sentier. — La nécessité qu'il y a pour nous de ne laisser aucun lieu inculte dans nos marais fait qu'on n'y trouve jamais aucune allée qui en mérite le nom. Des sentiers larges de 33 centimètres (1 pied) nous suffisent, et nous ne ménageons de place vide que pour nos dépôts de fumier.

Tapisser. — Quand les melons plantés sous châssis commencent à allonger leurs bras, on couvre toute la terre ou le terreau, sous les châssis, d'un paillis, pour entretenir la terre fraîche et que les branches du melon ne la touchent pas ; cette opération s'appelle *tapisser*.

Terreauter. — C'est répandre sur une planche semée, ou sur une planche que l'on se propose de planter, un lit de terreau fin de l'épaisseur de 12 à 15 millimètres. On terreaute de deux manières : 1° en lançant le terreau obliquement sur la terre, il faut de l'habitude et de l'adresse pour le répandre partout de la même épaisseur ; 2° on dépose le terreau par petits tas de distance en distance sur la planche, et avec une pelle ou un râteau on le répand le plus également possible. Le terreautage a pour effet d'empêcher la terre de se dessécher, de se fendre ou crevasser, et enfin de céder ses parties nutritives à la terre lors des arrosements ; comme il attire moins l'humidité que le paillis, on terreaute jusqu'à la fin d'avril, époque où les gelées tardives ne sont plus guère à craindre.

Torchée, faire une torchée. — Pour faire une torchée, on prend une fourchée de fumier ; on la plie en deux et on l'applique le dos en dehors sur le bord d'une couche en montant. Tout le tour d'une couche isolée doit être fait en torchée, afin de pouvoir l'élever perpendiculairement sans bavures. .

Tourner. — Mot employé seulement en parlant des oignons quand se détermine le renflement qui se fait à leur base. Quand ce renflement s'opère bien et à temps, on dit : *l'oignon tourne bien ;* quand il s'opère mal, on dit : *l'oignon tourne mal* ou *ne tourne pas.* Les grandes pluies empêchent l'oignon de tourner et le font rester en ciboule.

Tracer. — C'est faire des lignes dans le sens de la longueur d'une planche pour y semer ou planter des légumes. Les maraîchers de Paris ne se servent ni de cordeau, ni de traçoir, ni de bâton pour tracer ces lignes ou sillons qu'ils appellent *rayons ;* ils

les tracent avec les pieds en marchant régulière-
ment, les pieds écartés de manière à faire deux
rayons à la fois. Cette manière a l'avantage, outre
l'économie de temps, de plomber la terre où l'on
doit semer ou planter, avantage qui n'est pas tou-
jours senti par les autres jardiniers.

CHAPITRE X.

CULTURE MARAICHÈRE A PARIS, MOIS PAR MOIS.

Nous voilà enfin arrivés à la partie la plus im-
portante de notre travail, à celle qui n'a jamais été
traitée spécialement par aucun homme du métier,
c'est-à-dire par aucun jardinier-maraîcher : si quel-
ques auteurs en ont parlé, ils n'ont pu le faire
qu'incomplétement et en l'assimilant à la culture
potagère dont elle diffère considérablement dans sa
manœuvre, dans ses moyens et dans ses résultats.
De toutes les différences entre ces deux cultures,
nous ferons seulement remarquer celle-ci, c'est que,
dans la culture potagère, les légumes coûtent la
plupart plus cher qu'on ne les achèterait au mar-
ché, et que, dans la culture maraîchère, il faut de
toute nécessité que nos légumes nous coûtent moins
cher que nous les vendons.

Avant de commencer, il est nécessaire que nous fassions quelques observations importantes, afin qu'on ne se trompe pas sur le plan que nous avons suivi dans cet ouvrage.

1° La culture maraîchère de Paris ne comporte pas la culture de tous les légumes connus dans les jardins : il y en a même d'estimés que nous ne cultivons pas, par la seule raison que le terrain est trop cher dans Paris et que nous ne pourrions jamais les vendre avec bénéfice.

2° Nous ne cultivons pas certains légumes, parce qu'ils ne sont pas du goût général et que leur vente est incertaine; c'est pour cette raison que nous ne cultivons plus la patate, que nous ne cultivons pas le pê-tsaie ni la baselle. Si un jour, le goût changeant, ces légumes viennent à être recherchés à la halle, alors nous les cultiverons.

3° Quoique nous ne devions traiter, dans cet ouvrage, que la culture maraîchère, telle qu'elle se pratique à Paris, nous ne négligerons pourtant pas de parler aussi de certains légumes que nous ne cultivons pas habituellement, par la raison que les terrains sont trop chers dans Paris, mais nous le ferons avec moins de détails qu'en parlant de notre propre culture.

4° Il aurait peut-être paru naturel à plusieurs personnes que nous commençassions notre *Manuel* par le mois de janvier, mais nos travaux ne s'accordent pas avec l'année solaire; nous allons plus vite que les saisons dans l'hiver. Quand le soleil revient échauffer notre hémisphère, nous avons déjà plusieurs légumes qui n'ont pas attendu son retour pour croître, se perfectionner et devenir propres à la consommation.

Quoique nos travaux n'aient, pour ainsi dire, ni commencement ni fin, il y a pourtant une époque où nous commençons à travailler par prévision éloignée, et cette époque est le mois d'août; c'est alors que commence vraiment l'année horticole pour les maraîchers de Paris; et nous croyons agir naturellement en commençant notre *Manuel pratique de la culture maraîchère* par le mois d'août, et en le continuant mois par mois jusqu'au mois de juillet inclusivement de l'année suivante.

D'ailleurs cette marche nous était tracée par le programme de la Société royale et centrale d'agriculture, et nous ne devions pas nous en écarter.

5° Dans la vue d'éviter les répétitions en expliquant la culture maraîchère, nous avons donné par ordre alphabétique la définition de toutes nos opérations dans le chapitre IX. Ainsi, quand, par exemple, nous dirons : *on laboure, on dresse, on monte une couche, on borde,* etc., nous ne répéterons pas l'explication de ces opérations, puisqu'on les aura déjà lues ou qu'on pourra les lire dans le chapitre indiqué.

6° Nous avons encore une double observation à faire, c'est que le même légume peut se semer ou planter dans plusieurs saisons différentes, c'est que nous cultivons des genres qui contiennent plusieurs espèces qui exigent d'être semées et plantées à des époques très-éloignées : or, si nous avions décrit rigoureusement notre culture mois par mois, nous eussions été obligés de répéter à peu près la même chose dans plusieurs mois, par conséquent à des pages quelquefois très-éloignées les unes des autres, ce qui obligerait celui qui voudra bien nous lire à des recherches aussi fatigantes que fastidieuses. Pour éviter cet inconvénient, quand un genre de légumes aura plusieurs espèces, nous les traiterons tous immédiatement après la première. Ainsi, quoique les divers choux se sèment ou puissent se semer pendant sept ou huit mois de l'année, nous les traiterons tous en même temps à la suite les uns des autres, en ayant soin d'indiquer à chaque espèce l'époque où il faut la semer ou la planter.

AOUT.

OIGNON.

Plante de la famille des *Liliacées* et du genre *Allium*. Elle se compose d'un plateau qui produit des racines en dessous et des feuilles en dessus; ces feuilles engaînantes et très-charnues à la base forment en cette partie un globe plus ou moins aplati appelé *oignon*, tandis que leur partie supérieure,

toujours fistuleuse ou creuse, terminée en pointe,
s'allonge de 25 à 40 centimètres. Au temps de
la fleuraison, il s'élève du centre de ces feuilles
une hampe ou tige, haute d'environ 1 mètre, ter-
minée par une tête de fleurs blanchâtres auxquelles
succèdent des capsules qui contiennent les graines.
L'oignon et les jeunes feuilles sont les parties
comestibles.

OIGNON BLANC OU DU PRINTEMPS.

CULTURE. — L'oignon blanc se sème du 15 au
25 août; semé plus tôt, il pourrait monter. Pour
faire cette opération, on laboure et on dresse une
planche, on y sème la graine très-dru, on l'enterre
en hersant convenablement la terre avec une four-
che à trois dents qui sert en même temps à briser
les mottes; quand la graine est suffisamment enter-
rée ou cachée, on plombe la planche avec les pieds,
ensuite on y passe le râteau pour en unir la surface;
enfin on terreaute, c'est-à-dire qu'on répand sur
toute la planche environ 1 centimètre 5 millimètres
d'épaisseur de terreau fin. Après cette dernière
opération, on donne une bonne mouillure, afin de
bien attacher la graine à la terre et la tenir humide,
et, si le temps est sec, on donne d'autres petites
mouillures tous les deux jours.

La graine d'oignon blanc lève ordinairement en
sept ou huit jours. Si de mauvaises herbes poussent

à mesure que le plant grandit, on les arrache à la main.

De la fin d'otobre à la mi-novembre, le plant doit avoir atteint la hauteur de 16 à·19 centimètres (6 à 7 pouces); alors on laboure et on dresse une autre planche, on la terreaute, et on repique le plant d'oignon de la manière suivante : on soulève le plant en passant obliquement une bêche dessous, on le tire de terre, on lui coupe les racines à la longueur de 1 centimètre 5 millimètres et le bout des feuilles, et, quand on en a préparé ainsi une certaine quantité, on prend un plantoir à pointe émoussée, on fait un trou de la profondeur de 3 centimètres (1 pouce), on y place un plant debout, et avec le même plantoir on le serre bien avec de la terre de côté. Cette dernière opération sert à bien fixer le plant à la terre et s'appelle *borner ;* elle a pour effet d'empêcher le plant d'être couché par les lombrics ou vers de terre, qui en attirent les feuilles dans leurs trous, de faciliter sa reprise et de le mettre en état de mieux résister aux gelées. La distance entre chaque plant dans une planche repiquée doit être de 8 à 10 centimètres.

L'oignon blanc ne craint pas la gelée ; il supporte les hivers les plus rigoureux, mais il craint les faux dégels. Celui que l'on a repiqué ou planté en novembre peut être bon à vendre du 1ᵉʳ au 15 mai suivant. On peut aussi laisser le jeune plant passer l'hiver dans la plante où il a été semé, et ne le repiquer que quand les grandes gelées sont passées.

Quand, dans le courant de mai, l'oignon blanc est devenu gros à peu près comme un œuf de poule, on l'arrache, on le met en bottes et on l'envoie à la halle ; mais les maraîchers qui ont beaucoup de terrain en laissent une partie tourner, grossir et mûrir, parce que l'oignon blanc, étant moins gros et plus doux que l'oignon rouge, est plus recherché dans les bonnes maisons.

Dans les terres légères et sèches, l'oignon demande de fréquents arrosements quand le temps se met à la sécheresse ; dans les terres grasses, il ne faut pas trop le pousser à la mouillure, parce qu'il pourrait *tourner au gras,* c'est-à-dire fondre ou pourrir.

Dans les potagers, où l'on a coutume d'enterrer beaucoup de fumier, on conseille de ne pas planter l'oignon sur une fumure ; mais, comme les maraîchers n'enfouissent jamais de fumier, nous n'indiquons pas cette précaution pour nos marais.

PETIT OIGNON BLANC.

CULTURE. — Le petit oignon blanc n'est ni une espèce ni une variété différentes ; c'est la même espèce que la précédente, tenue plus petite par une culture différente. Au lieu de le semer en août et de le repiquer en novembre, on le sème depuis février jusqu'en juin, et on ne le repique pas. Quant aux labour, dressage, plombage et terreautage , c'est la même chose que ci-dessus; mais on sème plus clair, parce que, le petit oignon ne se repiquant pas, il lui faut de l'espace pour se former ou *tourner* sur place. Si le terrain est sec, il faut d'autant moins ménager la mouillure que la saison dans laquelle on la fait est plus chaude; cependant il ne faut pas trop d'eau aux oignons, car, dans les années pluvieuses, ils ont de la peine à tourner, et la plupart restent en ciboule. Le petit oignon blanc est fort recherché par les restaurateurs et les cuisiniers de bonne maison; nous l'arrachons et le vendons par bottes, quand il est gros comme une noix et même plus petit, aussitôt que *sa queue* (c'est-à-dire ses feuilles) commence à se faner : 500 grammes (1 livre) de graine d'oignon suffisent pour semer 112 mètres superficiels.

OIGNON ROUGE.

Les maraîchers de Paris ne cultivent pas l'oignon rouge ni aucune de ses variétés, parce qu'il est d'un faible prix et que le loyer de nos marais est très-élevé : quoique nous ne le cultivions pas, nous allons pourtant en dire quelques mots.

Dans les potagers, l'usage est de profiter de quelques beaux jours, à la fin de février ou au commencement de mars, pour semer l'oignon rouge sur une plate-bande abritée, et quand le plant est assez fort, en avril et mai, de le repiquer en terre fumée l'année précédente, à 13 ou 16 centimètres de distance; on le bine, on le sarcle, on l'arrose pendant l'été; si en septembre il ne tourne pas assez vite, on abat les feuilles avec le dos d'un râteau pour le faire mûrir; quand on le juge mûr, on l'arrache, on le laisse sécher sur place si le temps est beau; s'il pleut, on l'étend sur une allée dure, et, quand il est sec, on le serre à l'abri de la gelée pour l'hiver.

On sème aussi l'oignon rouge en plein carré, pour le laisser mûrir en place dans les potagers : celui-ci ne vient pas aussi gros; mais il est ordinairement plus plein, plus ferme, et on l'estime mieux pour beaucoup d'apprêts culinaires.

CIBOULE.

Plante de la même famille et du même genre que l'oignon, duquel elle ne diffère qu'en ce qu'elle ne se renfle pas à la base et ne forme pas d'oignon proprement dit : elle a d'ailleurs la même saveur, mais à un moindre degré, et ne s'élève pas aussi haut.

Culture. — La ciboule se sème, depuis la fin de février jusqu'à la fin de mars, dans une terre labourée, hersée, plombée et terreautée absolument comme pour l'oignon; et, comme la ciboule que nous cultivons ne doit pas être repiquée, sa graine se sème aussi clair que celle du petit oignon blanc.

C'est ordinairement dans des planches de 2 mètres 33 centimètres de largeur que nous semons la ciboule, et comme dès le mois de mars nous plantons déjà de la romaine en pleine terre, quand la graine de ciboule est semée et terreautée, nous plantons dans la même planche huit à neuf rangs de romaine, laquelle romaine, poussant ses feuilles droit ou presque verticalement, n'empêche pas la ciboule de pousser. On mouille l'une et l'autre convenablement, on tient la planche propre, et la romaine est bonne à être envoyée à la halle avant que la ciboule soit à moitié venue, c'est-à-dire vers le 20 mai, environ deux mois après sa plantation. Vers le 20 juillet, la ciboule est grosse à peu près comme le petit doigt : alors on commence à l'arracher, on la met par bottes à emplir les deux mains, et on l'envoie à la halle.

Telle est la manière de cultiver la ciboule chez les maraîchers de Paris; mais dans les potagers on la laisse plus longtemps en place, et chaque plante forme plusieurs caïeux qui font touffe au printemps; on arrache ces caïeux, on les replante un à un, et chacun d'eux refait une nouvelle touffe de ciboule; de sorte qu'on n'a pas besoin d'en semer de la graine chaque année.

CIBOULETTE, CIVETTE, APPÉTITS.

Plante de la même famille et du même genre que l'oignon : elle est vivace, très-menue, et ne s'élève qu'à la hauteur de 10 à 15 centimètres; son principal usage est d'entrer dans les fournitures de salades.

CULTURE. — Cette plante, étant d'un usage assez restreint, tient fort peu de place dans la culture maraîchère : comme elle est vivace et pullule beaucoup, quand on en possède quelques pieds, on néglige d'en recueillir les graines et de les semer, parce qu'en en *dédossant* les vieilles touffes on trouve du plant suffisamment pour faire une nouvelle plantation ou augmenter celle que l'on possède déjà. Les appétits n'aiment pas le grand soleil : on les plante ordinairement en bordure, à l'ombre ou demi-ombre, en terre substantielle et fraîche, où ils ne demandent d'autre soin que d'être nettoyés des mauvaises herbes pendant quatre ou six ans ; après quoi, on les replante de nouveau, soit en ligne pleine ou par petites touffes; quand on en a besoin, on coupe leurs petites feuilles, qui sont comme des alênes, à fleur de terre, et il en repousse d'autres ; ils ne craignent pas les plus fortes gelées.

ÉPINARD.

Plante de la famille des Chénopodées, annuelle, haute de 30 à 60 centimètres, rameuse, à feuilles simples, hastées : les fleurs sont petites, dioïques, verdâtres ; le fruit est formé du calice endurci et contenant une seule graine. En horticulture, le fruit

est pris pour la graine : on en distingue de deux
sortes ou variétés; les feuilles seules sont comes-
tibles.

ÉPINARD A GRAINE RONDE OU ÉPINARD DE HOLLANDE.

CULTURE. — Cet épinard se sème du 20 au
30 août; il ne doit pas être semé dru. Un litre de
graine suffit pour semer 224 mètres superficiels.
Les planches où on doit le semer ne se labourent
pas profondément, parce que la racine de l'épi-
nard aime à rencontrer la terre ferme : quand la
graine est semée à la volée, on la herse et on l'en-
terre avec une fourche, puis on la plombe avec
les pieds, on passe le râteau pour égaliser la terre,
et on finit par répandre sur tout le semis un léger
paillis de fumier très-court, afin qu'il ne nuise pas
à la graine quand elle lève, ce qui, en cette saison,
arrive au bout de six ou sept jours. On doit
entretenir la terre hnmide par de fréquentes et
petites mouillures jusqu'à ce que la graine soit
levée, et, quand elle est levée, on continue les
petites mouillures tant que la saison est sèche. Il
va sans dire que les épinards semés à la volée ne
peuvent se biner ni se ratisser; il faut les ésherber
à la main. Bientôt les épinards ont atteint la
hauteur de 16 centimètres : alors, pour cette seule
fois, on coupe toutes les feuilles à 3 centimètres de
terre avec un couteau : c'est la première récolte

pour la halle. Si, à cette époque, le temps est sec, on leur donne une mouillure, pour les remettre en séve. Les épinards ne tardent pas à pousser d'autres feuilles, et quand elles sont d'une certaine grandeur, larges de trois ou quatre doigts, les femmes les cueillent une à une à la main et laissent le cœur ou les petites feuilles du centre. On cueille les épinards de cette manière jusqu'au printemps suivant, époque où ils commencent à monter en graine; alors on les détruit, si on ne veut pas en ménager un peu pour graine, et on prépare la terre pour d'autres légumes.

Nous ne semons jamais d'épinards en rayons dans nos marais, quoiqu'on les sème ordinairement de cette façon dans les potagers, parce que, si nous les semions en rayons, ils deviendraient trop maigres; tandis que, étant semés à la volée, chaque pied a beaucoup plus de place, et leurs feuilles deviennent plus belles, plus grandes, plus vertes, et sont mieux nourries.

ÉPINARD A GRAINE PIQUANTE, ÉPINARD COMMUN OU D'ANGLETERRE.

CULTURE. — Nous semons cet épinard depuis les premiers jours de février jusqu'en mai; passé cette époque, les grandes chaleurs le rendent maigre et le font jaunir; il faut à l'épinard une température modérée et plus humide que sèche. Des semis faits en mai, on ne peut obtenir au plus que deux cueilles; souvent il monte en graine après la première. Cet épinard supporte les grandes chaleurs un peu mieux cependant que celui à graine ronde; il jaunit moins vite : ses feuilles sont larges et un peu découpées.

SEPTEMBRE.

CHOU.

Plante de la famille des Crucifères et du genre dont elle porte le nom. Ce genre contient beaucoup d'espèces ou de variétés, toutes pouvant servir à la nourriture des hommes et des animaux; mais les hommes en ayant choisi un certain nombre, le plus à leur convenance, c'est de celles-ci seulement que nous devons parler; nous ne les mentionnerons même pas toutes, parce que la culture maraîchère de l'intérieur de Paris ne peut et ne doit donner ses soins qu'aux espèces qu'elle est sûre de vendre avec chance de bénéfice sans craindre la trop grande concurrence du dehors.

Les choux sont des plantes généralement bisannuelles, qui, au temps de leur floraison, s'élèvent de 70 cenimètres à 2 mètres et plus; ils ont la tige droite, grosse, charnue, rameuse quand ils se disposent à fleurir; mais jusque-là tous se font distinguer par leurs feuilles nombreuses, grandes, gaufrées, entières ou diversement découpées, étendues en rosette dans les choux verts, ou enveloppées les unes par les autres de manière à former une tête très-compacte dans les choux glauques. Le chou-fleur a cependant une manière différente de former sa tête, que nous expliquerons en son lieu. Les fleurs de chou sont assez grandes, jaunes ou blanchâtres, toujours divisées en quatre ou en croix, ce qui a fait donner à leur classe le nom de *crucifères;* à ces fleurs succèdent des siliques toruleuses qui contiennent plusieurs graines. Dans le chou-fleur on mange les fleurs avortées, dans d'autres les feuilles, et dans trois autres le bas ou le haut de la tige épaissie en navet.

Nous faisons observer ici que tous les choux aiment la bonne terre et l'humidité, et que, si celle où l'on doit planter le chou d'York à demeure était légère et sèche, il faudrait, en la labourant, y enterrer une bonne épaisseur de fumier de vache; si elle était, au contraire, forte et compacte, il faudrait y enterrer du fumier de cheval. Nous disons cela seulement pour les marais où l'on ne fait que peu ou point de culture forcée; car, dans ceux où la culture forcée est la principale affaire, la terre est toujours bonne.

CHOU D'YORK.

C'est l'espèce la plus précoce et la moins grande; sa tête ou sa pomme est allongée.

CULTURE. — Le chou d'York se sème dès les premiers jours de septembre, dans un bout de planche préparé à cet effet et tenu à la mouillure si le temps est sec. Quand le plant a deux feuilles, on laboure une ou deux planches, on les dresse, on les herse avec une fourche, et on les couvre d'un léger lit de terreau ; ensuite on soulève le jeune plant avec une bêche, on le tire légèrement de terre, et on vient le repiquer au plantoir à 10 ou 13 centimètres (4 ou 5 pouces) de distance dans ces nouvelles planches, et on l'arrose de suite pour le faire reprendre. Ce jeune plant reste là en pépinière jusqu'au temps de le mettre en place, ce qui arrive dans les derniers jours de novembre et le commencement de décembre. Voici comme nous procédons :

Quand le carré où l'on doit planter les choux d'York est bien labouré, on le dresse par planches de 2 mètres 33 centimètres (7 pieds) de largeur, en ménageant entre chaque planche un sentier large de 33 centimètres, et on les herse avec une fourche.

Dans chaque planche, large de 2 mètres 33 centimètres, on trace avec les pieds neuf rayons

profonds de 6 à 8 centimètres, afin que les choux
y trouvent un abri pendant l'hiver, surtout si les
rayons sont dirigés de l'est à l'ouest. Cela fait, on
va à la pépinière du chou d'York, on soulève cha-
que chou avec un plantoir, afin de ménager ses ra-
cines et lui conserver une petite motte, s'il est pos-
sible; et, quand on en a levé un certain nombre et
qu'on les a mis dans un panier, on vient les plan-
ter au plantoir dans les rayons, à 33 centimètres
l'un de l'autre et en échiquier, afin qu'ils aient plus
d'espace. Mais voici un soin que nous prenons
toujours dans nos marais et qu'on néglige ailleurs,
c'est que, en plantant des choux à l'entrée de l'hiver,
celui qui plante (s'il n'est pas gaucher) doit tou-
jours avoir le côté droit tourné vers le midi, et en
voici la raison : quand le jeune chou a ses racines et
toute sa tige placées dans le trou qui lui a été pré-
paré avec le plantoir, on l'y borne en appuyant
contre lui avec le plantoir la terre qui se trouve à
droite du trou, et il en résulte une fossette à côté
du chou. Pendant l'hiver, la neige et la glace s'accu-
mulent dans cette fossette; mais, étant tournée au
midi, la neige et la glace sont bientôt fondues,
tandis que, si la fossette était du côté du nord, elles
ne fondraient pas, et c'est une opinion établie chez
les maraîchers de Paris que les choux en souffri-
raient.

On sent bien que nous choisissons, en cette sai-
son tardive, un beau jour pour faire cette planta-
tion, et que, quand elle est finie, nous arrosons

chaque pied de chou, pour faire descendre la terre entre ses racines et l'aider à la reprise.

Une fois le chou d'York planté, on ne lui donne pas de soin particulier pendant tout l'hiver : cependant les faux dégels peuvent l'endommager comme les autres plantes. Il supporte aisément 9 degrés centigrades de froid sans souffrir, et, si un froid plus intense l'endommage, c'est par le collet, près de terre, qu'il périt. Si en mars et avril il survient des hâles qui durcissent la terre, il est bon de la biner profondément et de donner quelques mouillures aux choux : ils sont pommés et bons à être livrés à la consommation à la fin d'avril et au commencement de mai, et même plus tôt, si on a pu en planter un peu dans une côtière.

CHOU HATIF EN PAIN DE SUCRE.

Culture. — On sème, on repique et on plante cette espèce aux mêmes époques que la précédente, et on la cultive de la même manière ; mais, comme il devient plus fort, au lieu d'en mettre neuf rangs dans une planche large de 2 mètres 33 centimètres, on n'y en met que sept, et on les espace à 48 centimètres dans les rangs. Sa tête est plus grosse et plus longue que celle du chou d'York, et plus tardive de dix-huit ou vingt jours.

CHOU COEUR-DE-BOEUF.

Cette troisième variété est la plus grosse et la plus tardive des choux précoces : on la sème à la même époque que les deux précédentes, on la plante et on la cultive de même ; mais il faut n'en mettre que six rangs dans une planche large de 2 mètres 33 centimètres, et les choux à 65 centimètres l'un de l'autre dans les rangs. Sa pomme se forme huit à quinze jours plus tard que celle du chou pain-de-sucre.

CHOU CONIQUE DE POMÉRANIE.

Cette espèce, encore peu cultivée à Paris, où peut-être elle n'est pas assez appréciée, est cependant très-intéressante par son excellente qualité, qui ne le cède en rien à celle des trois choux dont il vient d'être question, auxquels elle ressemble encore par sa pomme conique, mais beaucoup plus forte ; elle n'est pas encore introduite dans la culture maraîchère.

CULTURE. — On a essayé de semer le chou conique de Poméranie en septembre, en même temps que les choux d'York et Cœur-de-bœuf ; mais il n'a pas donné de résultats satisfaisants de cette manière. Il est reconnu qu'il est un de ceux qui doivent être semés au printemps, de la fin de mars au commencement de mai ; il n'est pas indispensable de le repiquer en pépinière. Planté en rangs, à la distance de 48 centimètres et avec des soins ordinaires, sa pomme peut être cueillie en septembre, et, si on la laisse grossir jusqu'en novembre, elle devient fort dure et peut acquérir le poids de 8 à 10 kilogrammes.

Le seul reproche qu'on puisse faire à cet excellent chou, c'est de dégénérer facilement. On ne peut prendre trop de précaution, au temps de sa floraison, pour conserver sa graine franche.

CHOU TRAPU DE BRUNSWICK.

Celui-ci est cultivé par les maraîchers les plus éloignés du centre de la capitale et qui ne font que peu ou point de primeurs : on le reconnaît à son pied, si court que sa pomme paraît posée sur la terre ; cette pomme est de moyenne grosseur et aplatie en dessus. L'espèce est robuste, endure le froid et ne se mange que dans l'hiver.

Culture. — Le chou trapu de Brunswick se sème au printemps, ne se repique pas, et, quand le plant est assez fort, on en plante un rang autour des planches qui contiennent de plus petits légumes espaçant les pieds à 66 centimètres l'un de l'autre dans le rang ; là ils profitent de la culture et des arrosements que l'on donne aux plantes de la planche.

CHOU CABUS, CHOU BLANC.

C'est celui de tous les choux qui fait la plus grosse pomme ; pour l'avoir dans toute sa grosseur, il faut le semer en automne, et il devient bon à être mangé dès le mois de juillet. Les maraîchers de Paris ne le cultivent pas, parce qu'il occupe la terre trop longtemps, parce qu'on en fait une quantité considérable dans les environs, qu'on envoie sur les marchés de la capitale de plusieurs myriamètres de distance; enfin parce que son prix ne payerait pas les frais de culture dans Paris : quoiqu'on en consomme beaucoup, il paraît rarement sur les tables opulentes, parce qu'il est de qualité très-inférieure à celle de nos petits choux hâtifs.

CHOU ROUGE.

Ceci est une des variétés du chou cabus. Quelques maraîchers, auprès du mur d'enceinte où le terrain est moins cher, font un peu de chou rouge; non pas qu'il soit du goût de bien du monde, à cause de la saveur musquée que plusieurs personnes lui trouvent, mais bien parce que quelques médecins l'ordonnent dans certaines maladies. Sa culture, très-circonscrite, est la même que celle du chou blanc. L'un et l'autre craignent la gelée un peu forte quand ils sont pommés ; alors on les couvre de litière, ou bien on les arrache, on les rentre en serre, et, après quelques jours, on ôte toutes les feuilles qui ne sont pas pommées ; on les dresse à côté les uns des autres, et ils se conservent ainsi très-bien et assez longtemps.

CHOU A GROSSE COTE.

Celui-ci, ainsi que le suivant, appartient à la section des choux qui pomment très-peu ou point ; il a de grandes feuilles entières, glauques, remarquables par leurs grosses côtes blanchâtres ; il se sème au printemps et se mange à la fin de l'automne et dans l'hiver.

Quelques maraîchers de Paris font un peu de ce chou pour leur propre usage ; mais ils n'en envoient guère à la halle, et tous ceux qu'on y voit viennent de la petite culture des environs de Paris.

CHOU DE BRUXELLES.

Connu aussi sous les noms de *chou à jets, chou à rosette.* Il appartient à la section des choux verts qui ne pomment pas, et il est le seul des choux connus qui jouisse de la singularité de produire de petites pommes tout le long de sa tige.

CULTURE. — Le chou de Bruxelles se sème en

avril comme le chou de Milan et n'est pas d'une culture plus difficile ; en le semant un peu clair, on s'évite la peine de le repiquer. Tandis qu'il s'élève, il est sujet à être dévoré par l'altise, ainsi que toutes les crucifères semées au printemps et dans l'été ; mais on éloigne cet insecte par des arrosements fréquents et par d'autres moyens que nous indiquerons au chapitre *Insectes*. Le chou de Bruxelles, ainsi que tous les autres choux, préfère une terre assez forte, fertile et fraîche ; mais il vient assez bien aussi en terre moins substantielle. Quand le plant est assez fort, on le plante en plein carré en lignes espacées entre elles de 48 centimètres (les plants éloignés l'un de l'autre de 64 centimètres dans les lignes), et on l'arrose de suite. Mais, en culture maraîchère, nous ne plantons guère de légumes en plein carré ; nous divisons tout notre terrain par planches de 2 mètres 33 centimètres de largeur en ménageant un sentier de 33 centimètres entre elles pour l'usage du service ; or ceux d'entre nous qui cultivent le chou de Bruxelles en plantent un rang sur chaque bord de leurs planches, en plaçant les pieds à environ 1 mètre l'un de l'autre, de manière qu'ils ne nuisent pas aux légumes qui sont dans la planche. Ce chou ne tarde pas à allonger sa tige et à perdre ses feuilles inférieures, ce qui fait de la place pour les plants d'alentour. Au mois de septembre il est haut de 40 à 80 centimètres, et de toutes les aisselles des feuilles tombées ou persistantes naissent des rosettes de petites feuilles, qui se coiffent en petites pommes, que l'on peut cueillir dès octobre et pendant tout l'hiver ; car le chou de Bruxelles résiste bien à la gelée. Ces petites pommes, de la grosseur d'une noix, sont très-recherchées pour les tables opulentes et se vendent à un prix assez élevé. Il y a deux variétés de choux de Bruxelles également bonnes ; l'une ne s'élève guère qu'à 50 centimètres, l'autre s'élève jusqu'à 1 mètre : l'une et l'autre sont sujettes à dégénérer, si on les laisse fleurir près d'autres choux.

CHOU DE MILAN FRISÉ.

Il y a beaucoup de variétés de chou de Milan qui se reconnaissent à la hauteur de leur pied, à la grandeur et au gaufré de leurs feuilles, à la grosseur et à la forme de leur pomme ; car, quoique de la section des choux verts, les choux de Milan pomment très-bien.

CULTURE. — Le chou de Milan n'est cultivé que par les maraîchers des quartiers de Vaugirard, de Grenelle, du Gros-Caillou. On peut le semer dès mars et avril ; mais les maraîchers ne le sèment qu'à la fin de juin, pour le planter à la fin de juillet, où ils ont déjà fait une ou deux récoltes. Ils en plantent deux rangs par planche, un rang sur chaque bord près du sentier ; et ces choux ne nuisent pas aux autres plantes de la saison, que l'on sème ou que l'on plante dans la planche, comme salade, mâche, épinard, cerfeuil, etc. Le chou de Milan aime l'eau comme les autres, mais on ne l'arrose que modérément, afin qu'il ne croisse pas trop vite, car il faut que la gelée ait passé dessus pour lui donner toutes ses qualités; alors il est bien meilleur que les choux blancs ou cabus, qui souvent ont un goût de musc qu'on n'aime pas toujours.

Le chou de Milan frisé dégénère facilement, et il faut, chaque année, choisir les pieds les plus francs pour porte-graine. Nous ne parlerons pas du chou de Milan-des-Vertus, le plus gros des milans, ni de quelques autres, parce qu'ils ne sont pas cultivés par les maraîchers de l'intérieur de Paris.

CHOU-FLEUR.

Cette espèce de chou diffère des autres en ce que ce ne sont pas ses feuilles qui forment sa tête, mais bien ses fleurs, qui, avant leur développement, se changent en une masse compacte de granulations blanches, charnues, tendres, et d'un manger délicat. Quand cette masse ou cette tête a pris tout son développement, qui atteint jusqu'à 16 ou 20 centimètres de diamètre sous une forme convexe, si on ne la coupe pas, il en sort plusieurs rameaux qui développent des fleurs en partie imparfaites, en partie parfaites, et ces dernières produisent des siliques dont les graines reproduisent l'espèce.

Il y a cinquante ans, on croyait que la graine de chou-fleur récoltée en France ne pouvait pas produire de beaux choux-fleurs, et on la tirait toute d'Angleterre. A présent, chaque maraîcher recueille sa graine, il en vend même, et continue d'obtenir de très-beaux et bons choux-fleurs.

CULTURE FORCÉE. — Le chou-fleur qui convient le mieux à la culture forcée est celui que l'on a appelé jusqu'ici chou-fleur tendre; mais depuis quelque temps les maraîchers primeuristes ont reconnu dans le chou-fleur tendre une variété ou race plus précoce qu'ils ont nommée *petit salomon*. Il y a dix ans, l'un de nous a trouvé dans ses cultures une autre race ou variété plus grosse et presque aussi précoce que le petit salomon, et lui a donné le nom de *gros salomon*. Prévoyant que le nom de chou-fleur tendre disparaîtra peu à peu et sera remplacé par ceux de petit et gros salomon, nous nous conformons ici à ce qui arrivera infailliblement. Ainsi, au lieu de dire que nous semons du chou-fleur tendre, nous disons que nous semons en même temps du petit et du gros salomon, et que le produit du gros succède immédiatement au produit du petit.

Le petit et le gros salomon que l'on veut avoir pommés au printemps se sèment en pleine terre, du 5 au 10 septembre. La terre où l'on doit les semer doit être labourée, hersée à la fourche; on y sème la graine, et on l'enterre au moyen d'un nouveau hersage à la fourche, ensuite on y passe le râteau ; enfin on étend sur le tout un lit de terreau fin épais de 2 centimètres. Aussitôt on donne une bonne mouillure, et on entretient la terre humide jusqu'à ce que la graine soit levée, ce qui en cette saison arrive en moins de huit jours. Quand le jeune plant est bien levé, qu'il commence à avoir deux feuilles, non compris les oreillettes (cotylédons), on laboure d'autres planches et on place des coffres près à près sur le labour, puis on herse la terre qui se trouve dans les coffres, et on la couvre d'un lit de terreau épais de 4 centimètres. Quand le terreau est bien étendu, on le plombe fortement avec le bordoir ; ensuite on procède au repiquage du plant de choux-fleurs.

Pour lever le plant, il est toujours avantageux de le mouiller une ou deux heures d'avance ; ensuite, lorsqu'on veut le prendre, de le soulever en passant une bêche au-dessous des racines. En prenant ces précautions, le plant se tire de terre avec toutes ses racines ; il reste un peu de terre entre ses radicelles qui contribue à le faire reprendre plus promptement quand il est repiqué. Lorsqu'on a levé ainsi une certaine quantité de plants, on va les repiquer dans les coffres de cette manière : on tient une poignée de plants de la main gauche ; avec le doigt indicateur de la main droite on fait un trou perpendiculaire dans le terreau et la terre proportionné à la racine et à la tige de la plante. On enfonce le plant jusqu'aux feuilles avec la main gauche et on le borne avec le même doigt indicateur de la main droite. Les plants se repiquent, cette première fois, à environ 7 ou 9 centimètres l'un de l'autre, ou de manière qu'il en tienne de cent cinquante à deux cent cinquante sous l'étendue d'un panneau de châssis, ou, ce qui revient au même, quatre cent cinquante à sept cent cinquante plants dans un coffre à trois panneaux. On ne doit pas tarder à mouiller le plant, après qu'il est planté, afin de l'attacher promptement à la terre; et, si le temps est encore chaud et sec, on le soutiendra convenablement à la mouillure.

A la fin de novembre, le plant s'est fortifié et endurci; mais il ne faut pas qu'il croisse trop vite. On labourera donc d'autres planches, on y placera d'autres coffres, on en préparera la terre comme précédemment, et on y *retransplantera* ce même plant en l'espaçant un peu plus ou de manière qu'il y en ait environ cinquante de moins sous chaque panneau, selon sa force, et en l'enfonçant jusqu'aux feuilles. Cette seconde plantation a pour but de retarder la croissance du plant et de l'endurcir en même temps pour le mettre à même de mieux résister au froid. Tandis qu'il ne gèle pas, le plant doit rester à l'air libre, c'est-à-dire qu'il ne faut mettre les châssis sur les coffres qui le contiennent que quand il commence à geler. Alors, pendant le jour, on tient les châssis ouverts par derrière au moyen de cales en bois, taillées de manière à pouvoir soulever le derrière des châssis depuis 2 jusqu'à 10 centimètres, et, le soir, on *retire l'air* en retirant les cales. Si la gelée devient forte, on met des paillassons sur les châssis ; si elle augmente, on fait un *accot*, autour du coffre ; si elle augmente encore, on double et on triple les paillassons ; enfin on s'arrange de manière à ce que la gelée ne puisse arriver jusqu'au plant, et à l'en garantir sans aucune chaleur artificielle. Quand le soleil luit, on ôte les paillassons, pour que le plant jouisse de la lumière : s'il fait doux, on donne un peu d'air dans le jour ; mais, le soir, il faut *rabattre l'air* et couvrir, crainte d'accident. D'ailleurs il n'y a guère de maraîchers, parmi ceux qui font des cultures forcées, qui, pendant l'hiver, ne se lèvent presque toutes les nuits rigoureuses, pour interroger le thermomètre et doubler les couvertures de leurs cloches et de leurs châssis, s'ils le jugent nécessaire.

Dans certains hivers, on est quelquefois forcé de laisser le plant de choux-fleurs renfermé sous les châssis pendant plus d'un mois sans air et sans lumière : cette longue obscurité l'attendrit et le rend plus sensible à l'impression de l'air et de la lumière ; c'est pourquoi, quand la saison des fortes gelées est passée, il ne faut lui donner de l'air et de la lumière que très-modérément et n'augmenter l'un et l'autre que peu à peu.

Dans les premiers jours de février, il faut planter une partie de ce plant de choux-fleurs en place et réserver l'autre pour être plantée un mois plus tard, comme nous le dirons tout à l'heure.

Au mois de février, les maraîchers primeuristes

ont déjà plusieurs couches qui ont rapporté de la laitue au moyen de coffres et de châssis, et on remplace les laitues par des choux-fleurs de la manière suivante : on enlève d'abord les châssis et on laisse les coffres en place; on *retournera* ces couches, c'est-à-dire qu'on labourera le terreau qui est dans les coffres; après quoi, on procédera à la plantation des choux-fleurs.

Nous avons déjà dit que l'on sème et plante en même temps pour primeurs le petit et le gros salomon : l'un et l'autre se plantent au plantoir, sur deux rangs sous chaque panneau de châssis, un rang par en bas à 20 ou 22 centimètres du bois, et un rang par en haut à égale distance du bois du coffre : si c'est un petit salomon, on en met quatre pieds dans chaque rang, parce qu'il ne vient pas gros; si c'est du gros salomon, on n'en met que trois pieds dans chaque rang, et entre les deux rangs de choux-fleurs, gros ou petit, on plante trois rangs de laitue gotte à six par rang; aussitôt que la place d'un panneau est plantée, on mouille le plant pour l'attacher à la terre et on remet le panneau dessus de suite.

Nous devons avertir qu'il y a des primeuristes qui sèment, en plantant leurs choux-fleurs, des carottes hâtives, qui y plantent des laitues Georges, etc. ; mais ces plantes ne font jamais très-bien, et nous sommes persuadés que la laitue gotte est plus profitable, tandis que les choux grandissent, que tout autre légume.

On donne de l'air aux choux et aux laitues tous les jours, autant qu'il est possible, et on couvre la nuit si la gelée est à craindre; on augmente l'air peu à peu : bientôt les choux sont près de toucher le verre des châssis; alors on rehausse les coffres en plaçant de gros tampons de paille sous les quatre encoignures. Une fois la fin de mars ou le commencement d'avril arrivé, on profite d'un temps doux pour ôter les coffres et les châssis, pour les employer à la culture des melons.

Les choux-fleurs mis ainsi à nu dès les premiers jours d'avril peuvent être encore exposés à quelques gelées tardives, à la grêle : pour parer à ces inconvénients, les maraîchers soigneux établissent, sur leurs choux-fleurs, des rangs de gaulettes, pour recevoir des paillassons en cas de besoin. A mesure que le temps devient chaud et que les choux grandissent, il faut augmenter la mouillure. Dès le 10 ou le 12 avril, on doit voir des pommes se former sur le petit salomon, et huit jours après sur le gros salomon; c'est alors qu'il faut commencer à visiter les choux-fleurs tous les deux jours, et, dès qu'on aperçoit une pomme grosse comme un œuf de poule, on s'empresse de casser quelques feuilles inférieures du chou et de les appliquer bien exactement sur la pomme, de manière à la priver d'air et de lumière, afin qu'elle conserve toute sa blancheur. En grossissant, la pomme se découvre plus ou moins; dans une autre visite, on la recouvre en cassant et faisant tomber sur la pomme les grandes feuilles qui l'entourent. Enfin il faut visiter les choux-fleurs aussi souvent pour voir si les têtes sont bonnes à cueillir que pour les couvrir quand elles commencent à se montrer. On juge qu'une tête est bonne à cueillir dès qu'elle commence à se desserrer, à *s'écailler* en terme de maraîcher : de ce moment, le chou-fleur va en diminuant de sa valeur, quant à son apparence, quoiqu'il conserve encore sa bonne qualité. La récolte des petits et des gros salomons, cultivés de la manière que nous venons d'expliquer, peut durer du 25 avril au 25 mai.

CHOU-FLE U DU PRINTEMPS.

Ce chou-fleur n'est pas une espèce particulière ; c'est ou le chou-fleur demi-dur, ou le chou-fleur dur, ou l'un et l'autre, que nous plantons en pleine terre en cette saison.

CULTURE. — Ces choux ont dû être semés à la même époque, traités et soignés pendant tout l'hiver absolument comme ceux de culture forcée dont nous venons de parler ; seulement, étant restés environ un mois de plus en place, ayant joui plus longtemps de l'air et de la lumière, ils sont plus forts, lorsqu'on les plante en pleine terre, que n'étaient les autres lorsqu'on les a plantés sous châssis. C'est à la fin de février et au commencement de mars qu'on les plante en pleine terre ; on en plante d'abord en côtière pour les garantir du froid et les avancer, ensuite en planches, au milieu du marais, quand on ne craint plus de fortes gelées, et toujours en même temps que de la romaine.

PLANTATION EN CÔTIÈRE. — Dans une côtière large de 2 mètres 33 centimètres, où l'on doit planter douze rangs de romaine (*voir* la préparation de la terre, à l'article *Romaine*), on laisse vides, sans les planter en romaine, deux ou trois de ces rangs : si on se décide pour deux rangs, on choisira le deuxième sur chaque bord; si on préfère trois rangs de choux-fleurs, on ménagera un troisième rang au milieu de la côtière, et, quand la romaine sera plantée de la manière que nous dirons en son lieu, on plantera les deux ou trois rangs de choux-fleurs, à 2 pieds l'un de l'autre dans le rang, avec les précautions que nous allons indiquer. Quand on a soulevé les choux en pépinière avec une houlette et qu'on les a tirés de terre, il faut réformer ceux qui sont *borgnes* ou n'ont pas de cœur, ceux qui ont des protubérances au collet, parce que ces protubérances contiennent presque toujours des œufs ou des larves d'insectes, ceux dont les racines seraient endommagées ou en mauvais état, enfin ceux qui ne paraîtraient pas d'une belle venue. Le choix étant fait, on *entre-plante,* c'est-à-dire qu'on plante avec le plantoir ces choux-fleurs dans les lignes qui leur sont réservées parmi les romaines, à 66 centimètres l'un de l'autre dans ces lignes, en ayant soin de les enfoncer jusqu'aux feuilles, de les bien borner et de les arroser pour les attacher à la terre.

Il y a peu de chose à faire à ces choux-fleurs jusque vers la fin d'avril, époque où la terre commence à s'échauffer dans les côtières plus qu'en plein carré : si, alors, le soleil est favorable, on les arrosera amplement ; il pourra même arriver que, dans les premiers jours de mai, les choux-fleurs aient besoin qu'on leur donne un arrosoir d'eau, pour trois pieds, deux fois par semaine quand leur pomme commence à se former ; enfin on couvrira les pommes, comme nous l'avons dit dans l'article précédent, pour conserver leur blancheur, et la plupart seront bonnes à porter à la halle vers la fin du mois de mai.

PLANTATION EN PLANCHES. — Comme on ne plante la romaine en planches, dans les marais, que huit ou quinze jours après l'avoir plantée dans les côtières, on n'y plante les choux-fleurs, par la même raison, que huit ou quinze jours après que les côtières sont plantées. On est obligé d'en agir ainsi parce que les plantes ne trouvent pas en plein carré l'abri qu'elles trouvent dans les côtières. A cela près, les choux se plantent, se soignent absolument dans les planches comme dans les côtières ; ils sont plus disposés à être desséchés par les vents, mais on les arrose davantage : leur pomme est bonne à être coupée dans le commencement de juin.

CHOU-FLEUR D'ÉTÉ.

C'est le chou-fleur demi-dur que l'on préfère pour cette saison; on le reconnaît à ses feuilles plus larges, à sa tige ordinairement plus grosse et plus courte.

Culture. — On sème ce chou-fleur, à la fin d'avril ou dans les premiers jours de mai, sur un bout de vieille couche, et, aussitôt qu'il a deux feuilles, on le repique en pépinière; mais, si on a assez de place pour le semer clair, on ne le repique pas. Il se trouve bon à être planté dans les premiers jours de juin, même dès la fin de mai, et bon pour la vente en juillet et août.

Nous ferons observer qu'il est difficile d'obtenir de beaux choux-fleurs, l'été, dans les marais de Paris, malgré tous nos soins et les arrosements les plus copieux; la terre n'est pas assez fraîche naturellement, ni assez forte ou substantielle, pour fournir une nourriture suffisante aux choux-fleurs pendant les grandes chaleurs de l'été, dans l'enceinte de la capitale.

CHOU-FLEUR D'AUTOMNE.

On choisit pour cette saison le chou semi-dur et le dur; le premier montre sa pomme avant le dernier.

CULTURE. — Du 8 au 15 juin, on sème ce chou-fleur dans une planche préparée à l'ombre humide s'il est possible, afin que l'altise ne le mange pas trop, et assez clair pour qu'on ne soit pas obligé de le repiquer : on l'entretient à la mouillure pour le fortifier, et le maintenir tendre jusqu'à ce qu'il soit bon à planter, ce qui arrive du 10 juillet au 1er août. Les choux-fleurs de cette saison sont ceux que l'on fait en plus grande quantité ; d'abord parce que la saison leur est plus favorable, ensuite parce que leurs pommes se forment de la mi-septembre à la fin de novembre, et qu'on peut en garder jusqu'en avril, de sorte qu'on peut en manger pendant sept mois consécutifs. On nous permettra donc, vu l'importance de cette culture, de l'expliquer assez longuement, telle que nous la pratiquons dans les marais de Paris.

Quand notre plant est bon à planter, on laboure successivement la terre qui doit le recevoir, et, comme l'on sait que les choux, en général, aiment la bonne terre, on leur choisit la meilleure. Quand la terre est bien labourée, on la divise par planches larges de 2 mètres 33 centimètres. Selon notre usage, on les herse avec une fourche, on y passe le râteau, ensuite on étend un bon paillis sur les planches. Cela étant fait, le maître maraîcher trace avec les pieds neuf ou onze lignes ou rangs sur la longueur des planches. On a dû arroser le plant deux heures auparavant, afin de faciliter son soulèvement avec une bêche, et qu'on puisse le tirer de terre avec toutes ses racines, et même avec un peu de terre : on l'examinera comme nous l'avons dit précédemment; on réformera les pieds défectueux et on portera les bons auprès des planches préparées. Si l'on a décidé de ne planter que deux rangs de choux-fleurs par planche, on choisira la seconde ligne de chaque côté de la planche ; si on a décidé d'en planter trois rangs, on prendra la ligne du milieu pour planter le troisième rang. Alors on prend un plantoir, et on plante les jeunes choux-fleurs à 66 centimètres l'un de l'autre dans ces deux ou trois lignes. Ce jeune plant, n'ayant pas été repiqué, a la tige un peu longue; il faudra donc faire le trou plus creux, y enfoncer le chou jusqu'aux feuilles, afin qu'il se développe de nouvelles racines sur la tige enterrée, borner solidement, enfin arroser aussitôt la plantation finie.

Quand on ne plante que deux rangs de choux-fleurs par planche, c'est que l'on a projeté de planter, dans les autres lignes, de la chicorée ou de la scarole, et la plantation de ces légumes peut se faire immédiatement avant ou immédiatement après celle des choux-fleurs. Si, au contraire, on a planté trois rangs des choux-fleurs par planche, c'est souvent parce qu'on projetait de ne rien planter de plus, mais de semer des mâches, ou des épinards, ou du cerfeuil, parmi les choux-fleurs. Dans ce dernier cas, on ne met pas de paillis sur les planches; on les plombe, on sème, on herse, et on répand une légère couche de terreau sur le semis.

Comme c'est dans la saison la plus chaude que l'on plante le chou-fleur d'automne et que le chou aime beaucoup l'eau, on ne peut trop l'arroser, jusque dans l'automne, à la pomme ou à la gueule; pour arroser de cette dernière manière, on fait une bossette entre deux pieds de chou-fleur, et on y verse un demi-arrosoir d'eau. C'est aussi le temps où la chenille du chou se multiplie avec abondance dans certaines années, et lui ferait un tort considérable si on n'avait pas soin de la détruire continuellement. Enfin, si les soins de toute espèce, si les arrosements surtout n'ont pas manqué, les choux devront avoir atteint toute leur force à la fin de septembre : les demi-durs commenceront à marquer, leurs pommes se feront dans le courant d'octobre et de novembre; on les couvrira comme nous l'avons dit pour le chou-fleur en culture forcée. Quant au chou-fleur dur, il ne vient qu'après le demi-dur; c'est en novembre et décembre qu'il donne son produit, et sa pomme, plus ferme que les autres, se garde aussi plus longtemps. Dans les automnes froids, ou, si l'on n'a pas assez arrosé, dans les automnes secs et chauds, il arrive même que plusieurs pieds de chou-fleur dur ne montrent pas encore leurs pommes quand les gelées arrivent. Alors, si l'on a encore un certain nombre de choux-fleurs durs qui ne marquent pas, on les arrache, on supprime les plus vieilles feuilles et on les replante, près à près et jusqu'aux feuilles, dans une côtière, où on les garantit de la gelée avec de la litière ; ou, mieux encore, on ôte un fer de bêche de terre dans un coffre, on plante les choux-fleurs dans le fond, on les couvre de châssis, on fait un accot, on couvre, etc., et les pommes se forment pendant l'hiver.

CHOU BROCOLI.

Cette espèce contient aussi plusieurs variétés : nous ne parlerons que du brocoli blanc et du brocoli violet, les autres variétés n'étant pas connues des maraîchers de Paris. Le brocoli ressemble au chou-fleur par la couleur glauque de ses feuilles, par la manière de former sa pomme ; mais ses feuilles sont plus grandes et plus ondulées. Il diffère surtout du chou-fleur en ce qu'il supporte d'assez fortes gelées et que, après avoir traversé l'hiver, il produit sa pomme au premier printemps.

Avant l'introduction de la culture forcée du chou-fleur dans Paris, les maraîchers de cette capitale cultivaient le brocoli ; mais, depuis lors, les jardiniers du midi de la France et ceux du Finistère, favorisés par leur climat, en envoient à Paris dès les trois premiers mois de l'année, et nous ne pouvons soutenir la concurrence à cause de la cherté de nos terrains, de sorte qu'il n'y a que très-peu de maraîchers à Paris qui cultivent aujourd'hui le brocoli; cependant nous allons donner une idée de sa culture.

Ce chou se sème, dans le commencement de juillet, en pleine terre, assez clair pour n'avoir pas besoin d'être repiqué. Si le semis est bien entretenu à la mouillure, le plant est bon à être planté dans les premiers jours du mois d'août. Dans une planche de 2 mètres 33 centimètres de large, on peut en mettre quatre rangs, et les pieds à 66 centimètres l'un de l'autre dans les rangs : il faut les bien mouiller de suite et les entretenir fortement à la mouillure jusqu'à la fin de septembre si le temps reste au chaud et au sec. En même temps qu'on a planté les brocolis, on a pu planter, dans les mêmes planches, de l'escarole, ou y semer du cerfeuil, ou des mâches, ou des épinards.

Quoique le brocoli supporte assez bien la gelée, il pourrait cependant souffrir si elle devenait très-forte; et, comme il ne serait pas aisé de l'en garantir si on le laissait en place, l'usage est de l'arracher avant que la terre soit gelée, de le replanter près à près assez profondément pour que toute la tige soit enterrée jusqu'aux feuilles. Dans cette position, il sera facile de préserver les brocolis de la gelée en les couvrant de litière, et au printemps ils produiront leurs pommes, qu'on trouvera moins serrées, mais aussi bonnes que celles des choux-fleurs.

BROCOLI VIOLET.

Cette variété se reconnaît à la teinte plus foncée de ses feuilles, et surtout à la couleur violette de sa pomme, qui est plus tendre et peut-être meilleure que celle du brocoli blanc. Il n'est pas à notre connaissance que cette variété soit cultivée, comme le brocoli blanc, pour l'hiver et le printemps ; mais nous savons qu'en la semant en avril elle donne sa pomme en été et en automne : comme sa couleur ne plaît pas sur les tables et qu'on lui préfère la couleur blanche des choux-fleurs, elle est peu cultivée.

Résumé des caractères distinctifs des choux-fleurs.

Le chou-fleur tendre se divise en deux variétés que nous appelons aujourd'hui le petit et le gros salomon. Ces deux choux ne viennent pas bien sur terre et craignent les grandes chaleurs ; il leur faut une couche et du terreau ; ils ont les feuilles plus pointues que les vivants. Le petit salomon vient moins grand que le gros et donne sa pomme huit ou quinze jours plus tôt.

Le chou-fleur demi-dur va bien à la pleine terre, donne sa pomme huit à quinze jours après le gros salomon et quinze jours avant le chou-fleur dur. Sa feuille est un peu plus pointue que celle de ce dernier.

Le chou-fleur dur va très-bien en pleine terre et donne sa pomme le dernier, et quelquefois si tard, que la gelée le surprend avant qu'elle se soit formée.

Les grandes chaleurs nous forcent à arroser considérablement les choux-fleurs, et leur végétation devient si active, que le grain de la pomme, au lieu de rester lisse, devient quelquefois comme poudreux, comme une étoffe de drap. Quand un chou-fleur est dans cet état, on dit qu'il a la *mousse* ou qu'il est mousseux : il n'a rien perdu de sa qualité, mais il n'a plus aussi bonne mine et n'est plus d'aussi bonne vente. Dès qu'on s'aperçoit qu'un chou-fleur tourne à la mousse, il faut cesser de l'arroser, afin de ralentir son trop de vigueur.

Moyen de conserver les pommes de chou-fleur
pendant l'hiver.

Le chou-fleur étant un excellent légume, il est naturel qu'on ait cherché à en conserver au delà de la saison où il croît abondamment. On a conseillé d'arracher les pieds de chou-fleur à l'approche des gelées et de les replanter près à près dans une cave ou un cellier; on a conseillé de couper les têtes ou pommes des choux-fleurs, de les débarrasser des plus grandes feuilles et de les poser de côté, sur des planches ou des tables, dans un endroit à l'abri de la gelée et de la grande lumière. Ces deux procédés peuvent être bons pour conserver des pommes de chou-fleur pendant quinze jours, un mois ; bientôt l'humidité les tache, et, une fois tachées, la pourriture les gagne de plus en plus, et leur conservation est compromise. Voici le moyen que nous employons, avec le plus grand succès, pour conserver les têtes ou pommes de chou-fleur parfaitement saines et très-blanches depuis le mois de novembre jusqu'au 15 avril et au delà.

D'abord il faut posséder, sous sa maison ou ailleurs, une espèce de cellier, enterré d'environ 1 mètre 66 centimètres, qui ait une fenêtre à chaque extrémité, pour pouvoir y établir un courant d'air (une cave voûtée en pierre ne serait pas aussi convenable). On fiche sur les côtés des solives du plancher un ou deux milliers de clous, à la distance de 27 à 30 centimètres l'un de l'autre : tous ces clous sont destinés à recevoir chacun un chou-fleur chaque hiver.

A la fin de novembre et par un jour sec, on fait choix, dans un carré de choux-fleurs durs, car ce sont ceux qui se gardent le mieux, on fait choix, disons-nous, des plus belles pommes ; on les coupe un peu bas, de manière à leur laisser un trognon ou bout de tige long de 10 à 15 centimètres ; on détache entièrement les feuilles qui se trouvent sur le bas de ces trognons, mais on raccourcit seulement, à la longueur de 8 à 10 centimètres, celles qui avoisinent ou entourent la pomme du chou-fleur. Ces bouts de feuilles ménagés garantissent les pommes, par les côtés, contre les chocs et les pressions, mais n'en garantissent pas le dessus ; il faut donc, en les portant et les déposant sur une table dans le cellier où elles doivent être conservées, prendre bien garde de les froisser en aucune manière. Arrivées sur la table dans le cellier, le maître maraîcher achève de leur faire leur toilette, c'est-à-dire qu'il ôte des feuilles et du trognon ce qui lui paraît inutile ; ensuite il attache au trognon de chaque pomme une ficelle longue de 16 à 20 centimètres, et pend les pommes de chou-fleur, la tête en bas, aux clous des solives du plancher.

Quand les choux-fleurs sont ainsi pendus, dès la fin de novembre, il faut leur donner certains soins pour en conserver jusqu'au mois d'avril ; ce sont ces soins que nous allons expliquer.

Tant qu'il n'y a ni gelée, ni grande pluie, ni brouillard, on laissera les deux fenêtres du cellier ouvertes, pour qu'il y ait, autant que possible, un courant d'air pour chasser l'humidité, qui est très-contraire à la conservation de choux-fleurs ; si, plus tard même, quand la gelée oblige de tenir les fenêtres fermées, l'humidité se manifeste, on allume dans le cellier quelques terrinées de braise pour sécher l'air ; mais, ce qui est d'une nécessité encore plus grande, c'est de visiter chaque chou-fleur, au moins une fois par semaine, pour ôter les feuilles qui peuvent pourrir sans tomber, pour voir si quelque partie de la pomme ne se tache pas, et livrer à la consommation ceux de ces choux-fleurs qui paraissent devoir se conserver le moins longtemps.

Pendant que les choux-fleurs sont ainsi suspendus, ils se fanent un peu et peuvent diminuer de volume d'environ un quart ; mais on les fait revenir à leur état naturel quand on se dispose à les porter à la halle : pour cela, on coupe quelques millimètres du bout du trognon, on plonge, à plusieurs places, la pointe d'un couteau dans la chair du trognon, et l'on a sous la main un baquet d'eau fraîche dans lequel on plonge ce trognon pendant vingt-quatre ou trente-six heures sans en mouiller la tête ; par cette opération, le chou-fleur reprend sa fraîcheur, sa première grosseur, conserve sa blancheur, et ne perd rien de sa qualité : il ne diffère d'un chou-fleur nouvellement cueilli qu'en ce qu'il a successivement perdu les portions de feuilles qui l'entouraient, soit parce qu'elles sont tombées d'elles-mêmes, soit parce qu'on les a ôtées, dans les visites, pour s'opposer à la pourriture.

Telle est la meilleure manière que nous ayons trouvée de conserver des choux-fleurs jusqu'au mois d'avril ; mais à présent nous avons renoncé à en conserver aussi longtemps : nous sommes forcés d'avoir tout vendu dès la fin de janvier, parce que, dès le mois de février, les courriers et les conducteurs de diligence apportent à Paris des brocolis du midi de la France et du Finistère, qui établissent une concurrence que nous ne pouvons plus soutenir ; et, si les chemins de fer se multiplient en France, cette concurrence pourra bien s'étendre jusqu'à nos choux-fleurs du printemps et causer un grand dommage à la culture maraîchère de Paris.

MACHE.

Plante de la famille des Valérianes et du genre *Fédia*. La mâche est une petite plante indigène annuelle, automnale, qui, jusqu'au printemps, ne montre que des feuilles étendues en rosette sur la terre, et dans cet état elle est bonne à être mangée en salade. Au printemps, sa tige se montre, se ramifie par dichotomie, s'élève à la hauteur de 12 à 18 centimètres, épanouit ses très-petites fleurs bleuâtres, mûrit ses graines et meurt. On en distingue deux espèces, la ronde et la régence.

MACHE RONDE.

Culture. — Cette espèce porte aussi le nom de *doucette*. Sa culture est des plus simples : on en sème la graine, au commencement de septembre, sur une terre non labourée ou très-plombée si elle a été labourée, et on répand sur le semis une légère couche de terreau, que l'on tient humide par des arrosages si le temps est au sec, jusqu'à ce que la graine soit levée. Il y a des maraîchers qui ne mettent même pas de terreau sur leurs semis de mâches : ils grattent la terre avec un râteau pour enterrer la graine et arrosent au besoin. La seule précaution à prendre est de les semer assez clair pour que les plantes puissent étendre leurs feuilles en rond ou en rosette sur la terre, dans un espace de 6 à 7 centimètres, et que la graine soit très-peu enterrée; autrement, elle ne lèverait pas.

On peut semer les mâches où il y a des choux-fleurs plantés, des choux de Bruxelles surtout, de la scarole déjà liée; on retire le grand paillis s'il y en a, on sème entre les plantes et ensuite on herse la terre.

Ces mâches se cueillent depuis la fin d'octobre jusqu'à la fin de mars; après cette époque, elles montent en graine et ne sont plus de vente : pour les cueillir, on en coupe la racine entre deux terres, on ôte les feuilles mortes ou défectueuses s'il y en a, et on les porte à la halle dans des calais.

LA RÉGENCE.

Celle-ci est une mâche plus tardive que la précédente; elle en diffère aussi par sa graine couronnée, par ses feuilles plus longues, plus larges, par leur couleur moins verte et plus blonde; elle est, d'ailleurs, plus estimée.

Culture. — La régence se sème, dans le courant

du mois d'octobre, encore plus clair que la pré-
cédente, parce qu'elle devient plus grosse ; à cela
près, c'est absolument la même culture. Elle monte
en graine moins promptement que la mâche ronde,
et on peut cueillir de la régence, pour la vente,
jusqu'à la mi-avril. Elle craint un peu le grand
froid dans nos cultures : quand il survient de fortes
gelées givreuses, il est bon de la couvrir d'un petit
paillis.

POIREAU OU PORREAU.

Plante de la famille des Liliacées et du genre Ail :
elle a pour base un plateau produisant des racines
simples en dessous et en dessus des feuilles en lame
d'épée, longues d'environ 40 à 50 centimètres,
s'emboîtant par en bas et formant une espèce de
tige. Quand cette plante monte en graine, il sort
d'entre ses feuilles une hampe droite, haute d'en-
viron 1 mètre, terminée par une boule de fleurs
verdâtres auxquelles succèdent de petites capsules
contenant les graines. Avec la même graine et en
la cultivant de trois manières différentes, nous
faisons trois sortes de poireaux qui ont chacune
leur nom en culture maraîchère : c'est la tige
formée de feuilles que l'on mange dans le poi-
reau.

PORREAU COURT.

CULTURE. — Du 15 au 20 septembre, on laboure et on sépare par des sentiers autant de planches qu'on en veut semer en porreau : on sème la graine sur ce labour ; mais, comme ce porreau ne doit pas être repiqué, il faut la semer fort clair ou faire en sorte que chaque graine se trouve à environ 5 centimètres l'une de l'autre. Pour arriver à ce résultat, nous employons 92 grammes (3 onces) de graine pour semer 56 mètres superficiels. Quand la graine est semée, on herse avec une fourche pour l'enterrer et briser les mottes, ensuite on plombe le tout ; on peut semer un peu de mâche après que la terre est plombée ; le coup de râteau qu'il faut donner ensuite, pour égaliser la surface de la terre, enterrera suffisamment la graine de mâche ; après quoi, il n'y a plus qu'à répandre sur le tout l'épaisseur de 12 ou 15 millimètres de terreau fin : on sent bien que, si la saison est sèche, il faut mouiller pour aider la germination.

Si, après la levée, le plant paraissait trop dru dans quelques endroits, il faudrait arracher ce qui gêne, pour que chaque porreau eût suffisamment de place pour se développer. Dans le courant de l'hiver, les mâches seront cueillies et vendues ; en mars et avril, on s'opposera à la croissance des herbes dans les porreaux ; on les arrosera souvent si le temps

est sec et assez chaud, et, dans la première quin-
zaine de mai, les porreaux seront bons à être
vendus.

Ce porreau est petit et n'a pas beaucoup de blanc,
mais il est cependant recherché comme primeur, et
parce qu'en mai les porreaux de l'année précédente
sont tous montés.

PORREAU LONG.

CULTURE. — Du 20 au 30 décembre, on fait une
couche haute de 48 à 54 centimètres et longue en
raison de la quantité de graine que l'on veut se-
mer, avec moitié de fumier neuf et moitié de vieux
fumier que l'on mêle bien ensemble. On place un
ou plusieurs coffres sur cette couche ; on apporte,
dans ces coffres, du terreau en quantité telle, que,
quand il est bien répandu dans tout un coffre, il y
en ait l'épaisseur d'environ 8 centimètres ; on sème,
sur ce terreau, de la graine de porreau très-dru, c'est-
à-dire 61 grammes (2 onces) pour chaque panneau
de châssis, on recouvre la graine de quelques mil-
limètres de terreau, on plombe le tout avec le bor-
doir, on place les châssis sur les coffres et on couvre
avec des paillassons jusqu'à ce que la graine soit
levée, ce qui arrive au bout de sept ou huit jours.
Quand la graine est levée, tous les soins à lui don-
ner consistent à la faire jouir de la lumière dans le
jour, et de l'air quand le temps le permet, et de la

couvrir la nuit pour la mettre à l'abri de la gelée. A la mi-mars, le plant doit être bon à planter : alors on laboure la terre qu'on lui destine, on la dresse en planches, on les plombe, on y passe le râteau et on y étend 15 millimètres de terreau ; ensuite on arrache le plant de porreau, on lui raccourcit les racines à la longueur de 2 centimètres, on lui coupe le bout des feuilles de manière que le plant n'ait plus que 18 centimètres de long. Alors on prend un plantoir et on le plante dans les planches préparées à 8 ou 9 centimètres de distance, avec la précaution de faire les trous bien perpendiculaires et d'enfoncer le porreau de manière à ce qu'il ne reste que 3 ou 4 centimètres hors de terre, car plus le porreau est enterré, plus il y a de blanc et plus il a de prix ; aussitôt qu'il est planté, il faut l'arroser, et, quand la sécheresse survient, le soutenir à la mouillure ; étant bien suivi, il est bon à liver à la consommation dès la fin de mai et le commencement de juin : les maraîchers l'appellent porreau du printemps et porreau nouveau.

PORREAU D'AUTOMNE.

CULTURE. — Dans le courant de mars, on laboure une planche, on la herse, on y sème la graine de porreau assez dru qu'on enterre par un second hersage à la fourche, on la plombe et on la couvre d'un lit de terreau épais de 15 millimètres. S'il survient des hâles sans gelées, on arrose pour aider à la germination ; ensuite, quand le temps est devenu tout à fait doux, on arrose pour activer la végétation. Au commencement de juin, le plant est assez fort pour être planté à demeure ; alors on laboure, on dresse des planches et on y plante ce jeune plant, en le traitant absolument comme nous l'avons dit en parlant tout à l'heure du porreau long, avec cette différence que, le porreau d'automne devant supporter toute la chaleur de l'été, il doit être arrosé beaucoup plus abondamment et recevoir quelques binages dans sa jeunesse. Ce porreau est livré à la consommation dans le courant de l'automne et pendant tout l'hiver : il s'en fait une immense consommation.

CERFEUIL.

Plante de la famille des Ombellifères et du genre dont elle porte le nom : c'est une plante annuelle à racine pivotante, à feuilles composées ; quand elle se dispose à fructifier, sa tige s'élève à environ 66 centimètres, se ramifie, et chaque ramification se termine par une petite ombelle de fleurs blanchâtres auxquelles succèdent des fruits secs subulés : on ne fait usage que des feuilles du cerfeuil.

CERFEUIL D'HIVER.

CULTURE. — Il n'est pas nécessaire de labourer la terre pour semer ce cerfeuil : nous le semons dans le courant de septembre, où il y a des choux-fleurs plantés, dans des planches de scaroles et de chicorées liées ; on l'y sème très-clair afin d'en obtenir de belles et larges touffes, on enterre la graine par un simple hersage au râteau ou à la fourche. Ce cerfeuil se vend de décembre en février; pour le livrer à la consommation, on le coupe par le pied entre deux terres, on ôte les mauvaises feuilles s'il y en a, et on le porte à la halle par paquets ou dans des calais.

Le cerfeuil supporte des hivers assez rigoureux ; cependant on peut l'abriter avec une légère couverture de litière.

CERFEUIL DE PRINTEMPS.

CULTURE. — On sème ce cerfeuil, en février et mars, en pleine terre, de la manière suivante : on laboure le terrain qu'on lui destine, on dresse ce terrain par planches larges de 2 mètres 33 centimètres ; on trace avec les pieds onze ou douze rayons dans la longueur des planches, et on sème la graine de cerfeuil assez dru dans ces larges rayons;

quand la graine est semée, on la couvre en abattant, avec un râteau, dans les sillons, la terre qui est entre deux ; ensuite on égalise avec le même râteau toute la surface des planches, sur lesquelles on étend l'épaisseur de 6 millimètres de terreau.

Quand le cerfeuil est levé, les petites gelées du printemps ne l'endommagent nullement. Dans une année ordinaire, ce cerfeuil a atteint la hauteur d'environ 15 à 20 centimètres vers quarante jours après le semis ; alors on le coupe à 3 centimètres de terre, on le lie par petites bottes pour l'envoyer à la halle.

Le cerfeuil repousse promptement en cette saison, et, si on le soutient à la mouillure, il donnera une seconde récolte trente jours après la première : alors, si on n'a pas besoin de le laisser monter pour graine, on le retourne pour le remplacer par d'autres légumes, car il n'est plus en état de produire de belles feuilles.

CERFEUIL D'ÉTÉ.

CULTURE. — Quand le mois de mai est arrivé, le cerfeuil monte si vite en graine, qu'il est difficile d'en obtenir une récolte passable ; cependant il est nécessaire d'en avoir dans l'été et l'automne. Pour réussir, nous semons le cerfeuil à l'ombre, à l'endroit le plus frais de nos marais, de la même manière que le cerfeuil du printemps, mais peu à la fois, et tous les huit ou dix jours, jusqu'au mois de septembre, où l'on recommence à semer pour l'hiver.

LAITUE.

Plante de la famille des Composées et du genre dont elle porte le nom. Il y a plusieurs espèces et plusieurs variétés de laitue ; ce sont toutes plantes à racine pivotante, à suc lactescent ; la plupart ont les feuilles radicales nombreuses, larges, qui s'emboîtent et forment une tête ou pomme à fleur de terre et qui est leur partie mangeable. Quand vient l'époque de leur fructification, la pomme s'ouvre au sommet, et il en sort une tige rameuse, haute de 60 à 80 centimètres, qui se couvre de fleurettes jaunâtres réunies plusieurs ensemble dans un involucre commun et auxquelles succèdent les graines. De toutes ces espèces ou variétés de laitue, on n'en connaît que cinq dans la culture maraîchère de Paris ; nous allons les traiter successivement.

LAITUE HATIVE DITE PETITE NOIRE.

CULTURE. — On appelle, dans nos marais, cette laitue *petite noire,* non qu'elle soit plus noire qu'une autre, mais parce que sa graine est noire. Elle est connue aussi sous le nom de laitue-crêpe, parce que ses feuilles sont très-gaufrées. Elle pomme sous cloche sans air ; nous la cultivons à froid de la manière suivante :

Dans les premiers jours de septembre, on laboure un petit coin de terre en raison du nombre de cloches que l'on veut y placer ; après avoir passé le râteau sur cette terre labourée, on y étale du terreau de l'épaisseur de 3 centimètres et on le plombe, non avec les pieds, mais avec la pelle ou le bordoir ; ensuite on prend une cloche, on la pose sur le terreau, et, en appuyant un peu sur le sommet de la cloche, le rond de sa base s'imprime sur le terreau ; alors on relève la cloche, on la repose à côté, on obtient une seconde empreinte, et ainsi de suite autant qu'on en a besoin ; alors on sème la graine de laitue petite noire assez dru dans tous les ronds marqués sur le terreau ; on recouvre la graine d'un demi-centimètre de terreau et on place une cloche sur chaque rond ; si le soleil luit fort sur les cloches, on les ombrage avec un paillasson ou mieux avec une litière claire : en peu de jours la graine est levée ; on continue de veiller à ce que le plant ne soit pas brûlé par le soleil, sans cependant lui donner de l'air. Bientôt le plant a deux feuilles outre ses cotylédons, et il ne faut pas tarder à le repiquer. Pour cela on prépare un *ados* (*voyez* ce mot, chapitre IX) ou plusieurs ados à 1 mètre l'un de l'autre et tous inclinés au midi, et, quand ils sont couverts de terreau de l'épaisseur de 3 centimètres et bien plombé, on place sur chaque ados trois rangs de cloches en commençant par le rang de derrière ou le plus haut et en l'alignant au cordeau ; on place ensuite les deux autres rangs en échiquier, de manière que toutes les cloches se touchent et que chacune marque son empreinte sur le terreau.

Quand l'ados ou les ados sont ainsi clochés, on va arracher avec précaution le plant dont nous avons parlé et on vient le repiquer sous les cloches des ados de la manière suivante :

On ôte quelques cloches d'un bout de l'ados en ménageant bien l'empreinte du rond qu'elles y ont fait ; on calcule les distances pour qu'il tienne vingt-quatre ou trente plants dans chaque rond et que les plus près du cercle en soient encore éloignés de 3 centimètres : alors on prend un plant de la main gauche ; avec le premier doigt de la main droite on fait un trou dans le terreau et la terre proportionné à la longueur de la racine du plant ; on insinue cette racine dans le trou, et aussitôt on la borde en appuyant contre elle la terre et le terreau avec le doigt de la main droite ; quand tout le rond est ainsi planté, on remet la cloche dessus, et on en repique un autre, et ainsi de suite jusqu'à ce que tout l'ados soit fini.

Ce plant n'a pas besoin d'être arrosé, mais il a besoin d'être garanti du soleil, quand il luit ardemment, par des paillassons que l'on déroule sur les cloches dans le milieu du jour.

Au bout d'environ vingt jours, le plant doit avoir acquis la longueur d'une pièce de 5 francs et plus, et il est temps de le planter à demeure. On le plante toujours de la même manière, mais dans trois conditions différentes.

Première condition. — On fait des ados semblables à ceux où est actuellement le plant, on les cloche de même ; on lève le plant avec la précaution de lui laisser une petite motte aux racines, et on le plante à la main, quatre par quatre, sous chaque cloche des nouveaux ados, en ayant soin de les placer de manière qu'il y ait assez de distance entre eux pour qu'ils puissent prendre tout leur développement, et en même temps assez loin du verre pour que leurs feuilles ne le touchent pas quand elles seront grandes et ne soient pas exposées à être brûlées.

Deuxième condition. — Dans cette saison (octobre), on a ordinairement de vieilles couches qui ne sont plus occupées et qui ont perdu toute leur chaleur ; alors on relève leur terreau en forme d'ados, on le plombe avec le bordoir, on y place trois rangs de cloches en échiquier et on plante sous chacune d'elles quatre plants de laitue avec les soins et les précautions ci-dessus indiqués.

Troisième condition. — Au lieu de planter le plant de laitue sous cloche, on peut le planter sous châssis : ainsi, dans la première condition, on aurait pu faire des rigoles et enfoncer les coffres jusqu'à ce que la terre, dans leur intérieur, ne fût plus qu'à 10 centimètres (4 pouces) du verre, afin que la laitue qu'on y plantera ne s'étiole pas ; dans la seconde condition, on aurait pu aussi remplacer les cloches sur les couches par des coffres et leurs châssis, toujours en se souvenant que la laitue noire ne s'élève qu'à la hauteur de 8 centimètres (3 pouces), et qu'il est très-avantageux que le verre du châssis ne soit qu'à la distance de 2 à 3 centimètres de la laitue. Ceci bien entendu, on plante de quarante à cinquante laitues sous chaque panneau de châssis, on replace les panneaux de suite, afin que l'air ou le froid ne saisisse pas les jeunes laitues, et, comme à cette époque il peut arriver quelques petites gelées, il faudra s'en garantir en couvrant les châssis et les cloches avec des paillassons.

La laitue petite noire traitée ainsi est parvenue à sa grosseur à la fin de novembre et dans le commencement de décembre; elle ne pomme pas aussi bien qu'au printemps, mais elle est très-tendre et très-estimée dans cette saison tardive. Nous devons avertir que c'est par ellipse qu'on dit laitue petite noire, ou simplement petite noire; il faudrait dire laitue à graine noire, quoiqu'il y ait d'autres laitues qui ont aussi la graine noire.

OCTOBRE.

Nous venons de donner la culture à froid, pendant l'hiver, de la laitue hâtive dite *petite noire* ou *crêpe;* à présent, nous allons donner la culture forcée de cette même espèce, qui est la seule laitue qui ait la propriété de pommer sous cloche et sous châssis sans avoir besoin d'air : aussi nous ne la cultivons que sous châssis et sous cloche jusqu'en mars.

LAITUE PETITE NOIRE OU CRÊPE.

Culture forcée. — Il faut semer la graine de cette laitue, du 5 au 15 octobre, non en pleine terre comme précédemment, mais sur *ados* préparé comme il est dit chapitre IX, et sous cloche; et, comme le plant devra être repiqué très-jeune, on pourra faire le semis assez dru. En cette saison, la graine lèvera en quatre ou cinq jours, et, huit ou dix jours après, le plant sera bon à être repiqué : alors on le repique sur un ados semblable à celui où il a été semé, et on ne met que vingt-quatre plants sous chaque cloche, terme moyen.

En donnant à ce plant les soins ordinaires, il doit être large comme une pièce de 5 francs et plus, vers le mois de décembre, et bon à être planté en place; alors on fait des couches sur terre, dites *couches d'hiver* (*voir* ce mot, chapitre IX), et quand leur température est arrivée au point convenable, que leur terreau est bien préparé, les coffres placés dessus et assez pleins pour que le terreau ne soit qu'à 10 centimètres du verre, on lève le plant avec une petite motte et on vient le planter sur ces couches dans les coffres, de manière à en placer 50 à 65 à distance égale sous chaque panneau de châssis, et que le rang du bas soit à 16 centimètres du bois, afin que l'ombre du devant du coffre ne l'étiole pas ; à mesure que l'on a planté la largeur d'un panneau, il faut de suite remettre ce panneau de châssis sur la jeune laitue, pour la garantir de l'air.

Quand la laitue est ainsi plantée, il faut la visiter au moins tous les huit jours, pour voir si quelques insectes ou mollusques ne la mangent pas et pour ôter les feuilles qui pourraient pourrir. Aux premières gelées, on entoure les couches d'un accot, afin de conserver leur chaleur et que le froid extérieur ne les pénètre pas ; on couvre les châssis avec des paillassons ; si le froid augmente, on emplit les sentiers de fumier sec jusqu'à la hauteur des coffres, on double les paillassons ; s'il tombe de la neige, on va secouer les paillassons en dehors des couches, on pousse par les bouts celle qui est tombée dans le sentier avant qu'elle ne fonde, afin qu'elle ne refroidisse par les couches, ce qui nuirait beaucoup à la santé des laitues.

Chez les maraîchers qui prennent toutes les précautions possibles pour bien conduire leur plant en cette saison, il est d'usage, quinze jours ou trois semaines après que la laitue est plantée et que son cœur commence à se former, de lui supprimer les deux ou trois feuilles avec lesquelles on l'a plantée, lesquelles feuilles alors sont devenues fort grandes et ne peuvent plus contribuer à former la pomme ; cette opération s'appelle *éplucher :* dans les plantations de mars, elle est moins nécessaire, et on peut la négliger.

Plusieurs maraîchers ont pris l'habitude, depuis quelques années, de semer, sur leurs couches, de la graine de carottes hâtives en même temps qu'ils y plantent de la laitue, et ces carottes succèdent aux laitues ; mais d'autres n'approuvent guère cette culture, et ils préfèrent semer leurs carottes hâtives sur une couche à part avec des radis.

La laitue noire ou crêpe, semée du 5 au 15 octobre et plantée au commencement de décembre, est pommée et bonne pour la vente vers la fin de janvier et le commencement de février.

C'est sur couches à laitue que nous plantons aussi nos choux-fleurs, petit et gros salomon, comme nous l'avons dit.

Mais, dans le courant de décembre et janvier, il peut arriver un temps qui ne permette pas de faire des couches ni de planter, tandis qu'on a encore beaucoup de plants de laitue repiqués sur les ados, et il faut garantir ces plants des rigueurs de la saison, pour les planter plus tard. On commence par faire un accot sur le derrière de l'ados, et on couvre les cloches, la nuit, avec des paillassons. Si la gelée augmente, on met du fumier très-court, très-sec et très-serré entre les cloches, d'abord de l'épaisseur de 10 à 12 millimètres, et enfin de la hauteur des cloches si le froid continue d'augmenter, et, par dessus tout cela, des paillassons simples ou doubles, triples même au cas de besoin ; et, quand le soleil luit par une belle gelée, on ôte les paillassons, on dégage le bonnet des cloches, afin que les rayons du soleil pénètrent, réchauffent et révivifient le plant de laitue qui est dessous, et, dès trois heures de l'après-midi, on recouvrira pour la nuit suivante. Mais enfin le temps se radoucit, et, quand il n'y a plus de fortes gelées à craindre, on fait ce que l'on appelle des couches à laitue, c'est-à-dire des couches qui n'ont que 32 centimètres (1 pied) d'épaisseur de fumier chargé de 10 centimètres (4 pouces) de terreau; on place sur ce terreau trois rangs de cloches en échiquier, et on plante sous chaque cloche quatre laitues noires et une romaine au centre; on continue de couvrir et découvrir, selon la température atmosphérique, jusqu'à ce que la laitue soit pommée.

Celles de ces laitues noires ou crêpes qui ont été plantées sur couche et sous châssis, vers le 10 décembre, sont pommées et bonnes à vendre dans le courant de janvier; celles qui ont été plantées plus tard sur couche et sous cloche sont pommées et bonnes à vendre dans le courant de février et en mars.

LAITUE GOTTE.

Cette espèce ne peut pas être traitée comme la précédente, parce qu'elle ne peut pas pommer sans air ; elle est, d'ailleurs, moins hâtive, devient plus grosse et pomme mieux ; elle est très-estimée.

CULTURE. — On sème la laitue gotte, du 20 aú 25 octobre, sur ados, comme la petite noire en culture forcée, et on lui donne absolument les mêmes soins, le même traitement, quoiqu'elle soit moins sensible à la gelée. Comme elle est moins hâtive que la petite noire, nous la laissons sur les ados jusqu'à ce que la petite noire soit vendue, et nous la mettons à sa place sur les couches. Pour cela, nous ne touchons pas au fumier de ces couches, nous en labourons seulement le terreau qui est dans les coffres avec une fourche à trois dents, et, quand il est bien égalisé, on y plante, fin de janvier et commencement de février, la laitue gotte, à raison de trente laitues par panneau de châssis : on les préserve du froid et de la gelée par les moyens indiqués pour la laitue noire; mais on ne négligera pas de leur donner de l'air toutes les fois que le temps le permettra, en mettant la cale sous le bord des châssis par derrière.

Mais, si la laitue gotte n'était pas encore pommée

quand le beau temps est assuré, on ôterait entière-
ment les châssis, et elle achèverait de pommer à
l'air.

Au lieu de planter la laitue gotte sous châssis, on
peut la planter sur les mêmes couches, mais sous
des cloches disposées sur trois rangs et en échiquier;
alors on en place trois pieds sous chaque cloche, à
condition qu'on les préservera du froid par les
moyens indiqués pour les ados, et on donnera de
l'air au moyen de petites crémaillères en bois aussi
souvent que le temps le permettra.

Enfin la laitue gotte se plante aussi en pleine terre
et sous cloche. Pour cela, on laboure et on divise
bien la terre; on y passe le râteau; on y étend
l'épaisseur de 3 centimètres de terreau qu'on
égalise avec un râteau; après quoi, on le plombe
bien; ensuite on place sur ce terreau des cloches
en lignes et en échiquier, et on plante trois laitues
sous chaque cloche : quand elles sont bien reprises,
on leur donne de l'air au besoin.

En résumé, la laitue gotte plantée sous châssis,
fin de janvier, est pommée à la fin de mars ; celle
plantée sur couche et sous cloche, en février, pomme
au commencement d'avril ; enfin celle plantée sur
terre sous cloche ou sous châssis, fin de février,
pomme vers le 15 avril.

LAITUE GEORGES.

Cette laitue devient plus forte et supporte mieux les petites gelées que la laitue gotte ; elle se distingue par sa couleur, qui est un vert blanchâtre.

Culture.—On sème cette laitue, dans la première quinzaine de novembre, sur ados, et elle se soigne absolument comme les précédentes : on la repique à vingt-quatre par clochée. Dans le courant de février, on a ordinairement des couches vides après avoir rapporté des laitues crêpe ou petite noire ; alors on laboure à la fourche le terreau de ces couches ; on y place des cloches par rang et en échiquier, comme nous l'avons déjà dit, et on plante trois laitues sous chaque cloche. Quand cette laitue est reprise, on lui donne de l'air le plus possible, car, nous le rappelons, de toutes les laitues il n'y a que la petite noire qui puisse pommer sous cloche sans air. La laitue Georges, traitée comme il vient d'être dit, sera pommée à la fin de mars.

Mais, comme cette laitue peut supporter quelques petites gelées, on fait durcir le plant qui est resté sur les ados, en soulevant d'abord les cloches par derrière, puis en les ôtant tout à fait dans le jour, et dans le courant de mars on plante ce plant en côtière au midi, où, avec les soins convenables, il pommera et sera livrable à la consommation dans le courant de mai : on n'en sème pas au prin-temps.

LAITUE ROUGE.

Cette laitue diffère de la précédente par sa couleur rouge, par son plus gros volume, et parce qu'on la cultive jusqu'en juin.

Culture. — On sème la laitue rouge, vers le 15 octobre, sur ados, on la repique également sur ados et sous cloche, et on lui donne les mêmes soins qu'aux laitues précédentes. Dès que le temps se radoucit vers la fin de février, on l'accoutume à l'air en soulevant les cloches d'un côté, et, les premiers jours de mars, on ôte les cloches si le temps le permet. Alors on prépare une côtière et on y plante cette laitue, avec la précaution à prendre, pour toutes les laitues, de n'enterrer que la racine, et nullement les feuilles, afin que la pomme soit plus grosse par en bas que par en haut, ce qui contribue à leur belle forme et leur donne plus de prix.

Quand vient la fin de mars, on en plante en plein carré, c'est-à-dire sans abri. Après avoir bien labouré la terre, l'avoir divisée en planches larges de 2 mètres 33 centimètres (7 pieds), les avoir plombées et recouvertes de 2 centimètres de terreau, on trace sur chaque planche dix ou onze lignes avec les pieds, et on y plante la laitue, en laissant une distance de 45 centimètres environ entre chaque pied dans les rangs.

Dans cette saison, les arrosements sont encore

modérés, et il faut considérer l'état de l'atmosphère pour juger si on doit arroser ou ne pas arroser de suite la laitue que l'on vient de planter : dans tous les cas, elle doit être pommée et bonne à envoyer à la halle vers la fin de mai.

LAITUE GRISE.

Celle-ci diffère des précédentes en ce qu'elle est plus verte et mouchetée, et qu'on la cultive tout l'été, même jusqu'en octobre.

CULTURE. — On sème cette laitue depuis mars jusqu'en juillet et au delà, afin d'en avoir jusqu'aux gelées.

On la sème ou sur terre ou sur un bout de couche, et clair, parce qu'on ne la repique pas. Il convient d'en semer peu à la fois, et tous les dix ou douze jours, afin de n'en pas manquer dans le courant de l'été. Quand le plant est bon à planter, on prépare des planches par un bon labour que l'on terreaute pendant le printemps et que l'on couvre d'un paillis pendant l'été ; et, comme cette laitue vient plus grosse que la précédente, on n'en plante que neuf ou dix rangs dans une planche large de 2 mètres 33 centimètres, et on place les pieds à 40 ou 48 centimètres l'un de l'autre dans les rangs. Si une laitue est sujette à se moucheter, c'est celle-ci ; aussi nous ne l'arrosons pas dans l'ardeur du soleil.

LAITUE A COUPER.

Depuis que la culture maraîchère fournit des laitues pommées pendant tout l'hiver, elle ne fait plus de laitues à couper ; cependant nous allons en dire un mot. Plusieurs laitues d'une teinte blonde, agréable, telles que la laitue gotte, peuvent faire de la laitue à couper ; mais il y a une espèce particulière qui est très-blonde, qui ne pomme pas, dont la graine est blanche et fort longue, et qui n'a pas d'autre nom que celui de *laitue à couper,* parce qu'elle n'est bonne que pour cet usage, puisqu'elle ne pomme pas. C'est donc la graine de cette espèce que l'on sème assez épais, en février et mars, sur une couche tiède ; si on la recouvre de cloches, la laitue vient plus vite et elle est plus tendre ; quand elle est haute de 4 à 5 centimètres, on la coupe à quelques millimètres de terre et on l'emploie en salade. On peut aussi en semer sur l'ados et sous cloche, pour succéder à celle qui a été semée sur couche ; mais, nous le répétons, aussitôt que l'on voit de la laitue pommée, on ne veut plus de laitue à couper.

LAITUE DE LA PASSION.

Les maraîchers de Paris ne cultivent pas plus cette laitue que celle à couper ; mais, puisqu'elles sont l'une et l'autre cultivées dans les potagers où il y a peu ou point de culture forcée, nous devons parler aussi de la laitue de la Passion.

Cette laitue se sème, à la fin du mois d'août, en pleine terre, assez clair, parce qu'on ne la repique pas ; quand le plant est assez fort, on le plante dans une plate-bande abritée, où elle passe l'hiver ordinairement sans abri, parce que c'est la plus robuste de toutes les laitues et qu'il faut un hiver bien rude pour l'endommager. Au printemps, on lui donne un binage, et elle pomme vers la semaine sainte, d'où son nom laitue de la Passion.

Il y a encore beaucoup d'autres laitues, plus ou moins estimées, dont nous ne parlons pas, parce qu'elles ne sont pas cultivées par les maraîchers de l'enceinte de Paris.

ROMAINE, CHICON.

La romaine est placée dans le genre Laitue par les botanistes ; mais elle a un port si différent, que les cultivateurs sont bien excusables de ne pas s'en douter. En effet, tandis que la laitue forme une pomme arrondie, haute seulement de 10 à 12 centimètres, avec des feuilles rondes pressées les unes sur les autres, la romaine forme une colonne haute de 20 à 25 centimètres, avec des feuilles longues et étroites, d'une plus forte consistance, dont le sommet, courbé en capuchon, couvre et conserve le cœur de la plante. D'ailleurs, la laitue et la romaine tiennent le premier rang parmi les salades et concourent simultanément à l'approvisionnement de nos marchés.

On compte plusieurs variétés de romaine plus ou moins estimées; mais les maraîchers de Paris n'en cultivent que trois, et chacune d'elles porte un nom caractéristique.

ROMAINE VERTE DITE DE PRIMEUR.

Celle-ci est la plus convenable en culture forcée, parce qu'elle pomme ou se coiffe plus tôt que les autres; elle est aussi un peu plus petite : on ne la cultive que jusqu'au commencement de mai.

Culture forcée. — On sème la graine de cette romaine dans les premiers jours d'octobre. Sa culture est presque en tout semblable à celle de la laitue petite noire : nous pourrions y renvoyer le lecteur, mais nous préférons nous répéter, dans la crainte de laisser quelque obscurité.

Dans la première huitaine d'octobre, on laboure dans un endroit bien abrité, exposé au midi, l'étendue de terre proportionnée à la quantité de graine que l'on se propose de semer; quand ce labour est bien hersé à la fourche et qu'on y a passé le râteau, on étend dessus un lit de terreau épais de 2 centimètres, qu'on égalise bien et que l'on plombe avec le dos d'une pelle ou d'un bordoir;

ensuite on place sur ce terreau une cloche, que l'on appuie assez pour qu'elle marque bien le rond de sa base ; on la relève, on la place à côté pour marquer un autre rond, et ainsi de suite ; quand il y a assez de ronds marqués, on sème la graine dans chaque rond, on la recouvre de 1 centimètre de terreau fin, et on place une cloche sur chaque rond.

Telle est la manière la plus générale de semer la romaine verte ; mais on peut la semer aussi sur un bout de vieille couche, dont on aura retourné et plombé le terreau, ou sur un ados préparé comme nous l'avons dit pour la laitue noire.

Au mois d'octobre, la graine doit lever en trois ou quatre jours, et, quoique le soleil ne soit guère à craindre en cette saison, on prend garde qu'il ne fatigue le jeune plant sous les cloches. Douze ou quinze jours après, le plant doit être bon à repiquer : alors on forme des ados (*voir* ce mot, chapitre IX) en nombre convenable, on les cloche et on procède au repiquage. Nous rappelons ici qu'on doit toujours soulever le plant que l'on veut repiquer, en passant une houlette au-dessous des racines et faisant une petite pesée, afin que, en tirant ensuite le plant par les feuilles, ses racines ne se brisent pas, et qu'elles emportent un peu de terre avec elles. Aussitôt qu'on a levé un peu de plant, il faut de suite aller le repiquer sous les cloches de l'ados préparé à cet effet ; on repique vingt-quatre ou trente plants de romaine sous chaque cloche, avec les soins et les précautions que nous avons expliqués précédemment, et, dès qu'une clochée est repiquée, on remet de suite la cloche dessus.

En très-peu de jours le plant est repris, et, comme le temps est encore assez doux et que la romaine aime l'air, on lui en donne en soulevant les cloches par derrière, les deux travers de doigt, dans le milieu du jour, au moyen d'une crémaillère appropriée à cet usage, et on les rabaisse le soir.

Cependant il arrive quelquefois que le temps reste assez doux tout novembre et une partie de décembre, comme, par exemple, dans l'année 1843, et que, malgré l'air que l'on donne au plant de romaine, il devient grand trop promptement ; alors, dans la vue de le retarder, nous le *retransplantons* ou *rechangeons*, et cette opération s'exécute en faisant de nouveaux ados et en y replantant notre plant ; mais cette fois-ci, au lieu de vingt-quatre et trente plants, nous n'en mettons que dix-huit ou vingt sous chaque cloche, et on continue de lui donner de l'air le jour et la nuit.

Mais enfin les fortes gelées arrivent : d'abord on retire l'air, on couvre avec des paillassons, on fait un accot derrière les ados ; on met du fumier très-court et très-sec, bien pressé entre les cloches, de la hauteur de 10 à 15 centimètres ; si le froid augmente, on met de ce fumier court appelé *poussier* jusqu'au haut des cloches, on double ou triple les paillassons. En prenant toutes ces précautions à propos, il est rare que le plant puisse être atteint de la gelée. Quand le fort du danger est passé, on découvre avec circonspection peu à peu. On rend d'abord la lumière au plant par le haut des cloches; ensuite, tout alentour, on donne de l'air si le temps le permet. C'est parmi ce plant de romaine verte qu'en janvier et février on choisit les plus beaux pieds pour planter, un entre quatre de laitue noire, sous cloche, sur les couches à laitue, et ils deviennent la première romaine que nous livrons à la consommation, dès la première huitaine de mars : c'est notre romaine forcée.

Mais il reste encore beaucoup de plants sur les ados, que nous emploierons plus tard, et il faut continuer de les soigner. Si le froid est encore à craindre, il faut d'abord les en préserver, puis profiter de tous les moments pour leur donner de l'air en soulevant les cloches d'un côté pendant le jour d'environ 4 centimètres pour commencer, ensuite de 6, 8, 10, 15 centimètres, selon la température atmosphérique; enfin, quand le temps ne paraît plus à craindre, on ôte les cloches tout à fait, car il faut que ce plant se raffermisse, se fortifie à l'air, avant que de le planter à demeure, soit sur couche, soit en pleine terre.

Dès la fin de janvier et la première quinzaine de février, si la terre n'est pas gelée, tous les maraîchers plantent de la romaine verte en côtière, au midi. On laboure et on dresse cette côtière comme à l'ordinaire, on y sème de la graine de carotte courte, ou de panais, ou de porreau un peu clair, puis on herse avec une fourche pour enterrer cette graine, on passe le râteau, on répand sur le tout 2 centimètres de terreau, et, quand il est bien étendu, on trace les rayons dessus avec les pieds.

Il y a des côtières plus ou moins larges; celles qui sont protégées par un mur sont ordinairement les plus larges; sur celle qui a 2 mètres 66 centimètres (8 pieds) de largeur on peut y tracer quatorze ou quinze rayons; après quoi, on va aux ados lever du plant de romaine verte, et on vient le planter dans ces rayons à environ 33 centimètres (1 pied) l'un de l'autre. Il va sans dire que l'on a choisi le meilleur plant, qu'on l'a levé avec toutes ses racines et un peu de terre, qu'on a bien ménagé et bien placé toutes ses racines dans le trou et qu'on les a bornées convenablement avec le plantoir.

Mais, dans les côtières bien exposées, on plante rarement tous les rayons en romaine verte; on laisse ordinairement deux ou trois rayons pour des choux-fleurs demi-durs, qu'on y plante en même temps.

La romaine verte, plantée ainsi en côtière au commencement de février, est coiffée dans la première quinzaine de mai, et les choux-fleurs qu'on y a plantés en même temps donnent leur pomme dans la première quinzaine de juin.

Quoique la romaine verte se coiffe bien toute seule, on la rend plus ferme en la liant, dans les trois quarts de sa hauteur, avec un brin de paille mouillée.

Il y a des années où le mois d'avril et le commencement de mai sont chauds; d'autres fois, on éprouve, en mars et en avril, des hâles desséchants : alors ces plantations en côtière, comme la romaine et les choux-fleurs dont nous venons de parler, ont besoin d'être arrosées fréquemment dans cette saison.

En mars, on plante aussi la romaine verte en plein carré, mais on ne la cultive plus dans l'été : elle est remplacée par les suivantes.

ROMAINE GRISE.

Celle-ci est plus grosse et plus sensible à la gelée que la romaine verte : on la sème et plante tout l'été.

Culture. — La romaine grise se sème à la fin d'octobre, c'est-à-dire quinze jours ou trois semaines après la romaine verte et de la même manière, sur terre ou sur ados, se repique de même sur ados et sous cloche, et se garantit de la gelée pendant l'hiver par les mêmes moyens; mais on la plante seulement dans la première quinzaine de mars et en plein carré, c'est-à-dire sans abri et de la manière suivante :

On laboure et on dresse une ou plusieurs planches, et on y sème, si l'on veut, de la graine de radis ou de persil, ou d'oseille; on enterre ces graines par un hersage à la fourche et on plombe la terre avec les pieds; après y avoir passé le râteau et étendu par-dessus un lit de terreau épais de 1 à 2 centimètres, on trace les rayons avec les pieds. Si on a semé des graines dans une planche large de 2 mètres 33 centimètres, on n'y trace que huit rayons; si on n'y a pas semé de graine, on y trace neuf ou dix rayons; et l'on y plante le plant de la romaine grise en mettant 48 centimètres de distance entre chaque pied, dans les rangs, s'il n'y a pas de graine semée; mais, s'il y en a, chaque pied doit être espacé de 54 à 60 centimètres (20 à 22 pouces).

Quand les hâles ou la chaleur commencent à se faire sentir, il faut donner de temps en temps une petite mouillure à cette romaine, dans la matinée plutôt que le soir, parce qu'elle est sensible à la gelée, et que les mouillures du soir en mars et avril, même jusqu'au 15 mai, peuvent devenir dangereuses en attirant la gelée sur les endroits humides : la romaine grise, plantée en mars, se coiffe en mai; on la lie avec un brin de paille, et elle est bonne à vendre à la fin du mois.

Mais ce n'est pas là la seule récolte ou la seule saison que l'on puisse faire avec la romaine grise : en mars, nous la semons sur un bout de couche, et nous plantons sans l'avoir repiquée; en avril nous la semons assez clair en pleine terre pour pouvoir la replanter sans repiquage préalable; enfin nous en semons tous les quinze ou dix-huit jours, jusqu'à la fin de juillet ou le commencement d'août, afin d'en avoir tout l'été et jusqu'à ce que la scarole et la chicorée donnent : car alors la romaine n'est plus assez recherchée pour que nous la cultivions jusqu'aux gelées.

Il va sans dire que, pendant tout l'été, nous plantons cette romaine à la distance et de la manière indiquées tout à l'heure, avec cette différence que, quand nous n'y mêlons pas de graine, nous couvrons la planche avec un bon paillis au lieu de terreau, parce que le paillis conserve mieux l'humidité dans la terre que le terreau, qui, en raison de sa couleur noire, absorbe la chaleur et dessèche la terre ; nous couvrons nos planches de terreau l'hiver et le printemps, parce qu'il absorbe la chaleur, que la terre en a besoin à cette époque, et qu'il attire moins l'humidité que le paillis ; mais, quand les chaleurs sont arrivées, nous préférons le paillis pour couvrir nos planches avant de les planter, et n'employons plus le terreau que pour couvrir nos semis et empêcher la terre de durcir.

Autre observation : la pratique nous a appris que, pendant l'été, si nous arrosons nos romaines durant le grand soleil avec l'eau froide de nos puits, quand elles sont près de coiffer ou déjà coiffées, cela détermine, dans leur intérieur, des taches de pourriture ; nous disons alors que la romaine est *mouchetée* : dans cet état, elle n'est plus bonne pour la vente. La même observation a été faite sur des scaroles, sur des chicorées, quand leur cœur s'emplit, quand elles sont bonnes à lier ou déjà liées ; de sorte qu'il est de règle, dans nos marais, quand ces plantes sont arrivées à cet état de croissance, de ne plus les arroser à l'ardeur du soleil.

ROMAINE BLONDE.

Celle-ci est la plus agréable à la vue par son vert blond ; elle est aussi plus grosse, plus tendre, mais elle a l'inconvénient de se tacher ou pourrir quelquefois en dedans lorsqu'elle se coiffe.

CULTURE. — La romaine blonde se sème à la fin d'octobre et dans le commencement de novembre absolument comme la romaine grise, se repique sur ados et se conserve, tout l'hiver, par les mêmes soins ; on peut aussi en repiquer sous châssis à froid, et en mettre jusqu'à trois cents sous chaque panneau, à condition que l'on prendra tous les moyens connus pour ne pas laisser la gelée pénétrer dans les coffres. Cependant nous ferons observer que le plant de romaine repiqué sous châssis ne vient jamais aussi beau que celui repiqué sous cloche.

En mars, on plante la romaine blonde en plein carré, et on la traite absolument comme nous venons de le dire pour la romaine grise : on sème de l'une et de l'autre tous les dix ou douze jours, depuis mars jusqu'à la fin de juillet, pour ne pas manquer de plant, et elles se plantent de la même manière tout l'été. Dans les grandes chaleurs, la romaine blonde est sujette à se moucheter au centre, si on l'arrose dans le milieu du jour.

NOVEMBRE.

Dans la culture maraîchère de Paris, telle qu'elle se pratique généralement de nos jours, il y a peu de semis à faire pendant ce mois et le suivant. Dans celui-ci, il peut arriver qu'on ait besoin de ressemer un peu de graine de romaine grise et de la blonde, de la laitue gotte et de la laitue Georges, et que l'on repique sur ados comme il est dit précédemment. La principale occupation des jardiniers maraîchers, dans ce mois, est la continuation du repiquage du plant de laitue et de romaine des dernières semées, de faire de nouveaux ados pour *rechanger* le plant de romaine repiqué en octobre : on rechange aussi, c'est-à-dire on met sous d'autres châssis les choux-fleurs petit et gros salomon, le demi-dur et le dur ; la laitue seule ne se rechange jamais.

C'est surtout quand novembre et décembre sont doux, qu'on est obligé de rechanger ou de repiquer une seconde fois ces sortes de plants, afin qu'ils ne grandissent pas trop vite avant la saison où il sera possible et convenable de les planter ou sur des couches ou en pleine terre : ce second repiquage les retarde d'environ quinze jours, et, comme dans cette seconde opération on renfonce en terre le collet de la romaine d'environ 12 millimètres et celui des choux d'environ 3 centimètres, ces plants font de nouvelles racines qui les fortifient et les rendent plus robustes pour résister au froid; d'ailleurs on continue de leur donner les mêmes soins qu'auparavant.

Les maraîchers de Paris repiquent aussi, dans ce mois, l'oignon blanc à demeure (*voir* son article, page 105); ils plantent encore à demeure les choux d'York, pain-de-sucre et cœur-de-bœuf (*voir* l'article *Chou*, page 114). On ne sème guère, dans ce mois, que le légume suivant.

POIS.

Plante de la famille des Légumineuses, de la section des *Viciées* et du genre dont elle porte le nom. Il y a plusieurs espèces de pois; mais il n'y a qu'une espèce cultivée pour la nourriture de l'homme, et cette espèce a produit plusieurs variétés : toutes sont annuelles, débiles, hautes de 30 centimètres à 1 mètre 60 centimètres, ayant des feuilles ailées dont le pétiole commun se termine par une vrille; les fleurs sont axillaires, ordinairement blanches, assez grandes, et il leur succède des cosses longues de 6 à 12 centimètres, qui contiennent des graines rondes connues sous le nom de pois : ce sont ces pois que l'on mange, et quelquefois la cosse de certaines variétés.

POIS MICHAUX DE HOLLANDE.

On choisit cette variété, qui a passé jusqu'ici pour être la plus hâtive et la plus propre à être cultivée sous châssis ; mais, s'il s'en présentait une autre qui lui disputât la précocité, comme, par exemple, le pois prince Albert, et encore une autre, on l'abandonnerait pour donner la préférence au nouveau venu, ne fût-il plus précoce que de vingt-quatre heures. Au reste, la culture des pois de primeur n'est pas dispendieuse, elle n'exige pas de chaleur artificielle, elle ne veut que la chaleur du soleil au travers des châssis : voici donc la manière assez simple d'avoir des petits pois verts le 15 mars.

Vers le 20 novembre, on laboure autant de planches qu'on veut en avoir en pois de première saison et on en divise bien la terre ; on entoure ces planches de coffres à melon, et on sème dans chaque coffre cinq rangs de pois, dans le sens de la longueur des coffres, en mettant les pois à environ 3 centimètres l'un de l'autre ; on emplit les sentiers de vieux fumier froid, non susceptible de s'échauffer ; ensuite on place les panneaux sur les coffres. Quand le froid arrive, on a soin de tenir le fumier des sentiers toujours à la hauteur des coffres, afin d'empêcher la gelée de pénétrer sous les châssis, et on met des paillassons sur ces châssis dans le même but; mais on a soin de les ôter toutes les fois que le soleil luit, afin que les pois s'étiolent le moins possible. Quand, vers le commencement de février, les pois sont près de toucher le verre, on les couche vers le derrière du coffre, en posant des lattes dessus, à la hauteur d'environ 16 à 18 centimètres; en peu de jours, leur extrémité se redresse, on retire les lattes, et le bas des tiges reste couché : cette opération les fait se ramifier et les rend plus trapus. Bientôt les pois s'élèveront encore jusqu'au verre; mais on élèvera les coffres en mettant des bouchons de paille sous les encoignures, et on emplira les sentiers de vieux fumier sec, pour empêcher l'air et le froid de pénétrer jusqu'aux pois par-dessous les coffres. On donnera de l'air en soulevant un peu les châssis par derrière, toutes les fois que le soleil luira un peu fort. On étêtera, selon l'usage, les pois au-dessus de la troisième ou quatrième fleur, et on leur mettra des petites rames, si on le juge nécessaire, pour que la lumière circule mieux entre les tiges et les feuilles.

En semant ainsi des pois, tous les quinze jours, de novembre en février, on aura des petits pois jusqu'à ce que ceux semés à l'air libre fructifient.

Nous devons cependant faire observer que la culture des pois de primeur n'est pas très-lucrative, en ce qu'elle exige une grande quantité de châssis qui pourraient être employés dans d'autres cultures plus profitables : ainsi on fait plus d'argent avec un panneau de laitues, de carottes, qu'avec un panneau de pois, et cela explique pourquoi si peu de maraîchers font des pois de primeur.

DÉCEMBRE.

Si, dans ce mois, on a peu ou point de semis à faire, d'un autre côté on a beaucoup à planter en culture forcée, et, si la saison n'est pas par trop rigoureuse, le maraîcher primeuriste a beaucoup d'occupation. Il faut premièrement, quel que soit le temps, qu'il soigne et conserve tous les plants qu'il a sous cloche sur les ados : s'il paraît un rayon de soleil, il faut découvrir, pour que les plantes en jouissent au travers des cloches, et recouvrir avant la nuit : c'est le mois où l'on doit faire beaucoup de couches à laitue et de couches à raves et radis, planter les unes et semer les autres. C'est la laitue petite noire, ou hâtive, ou crêpe, que l'on plante sur couche et sous châssis en cette saison rigoureuse, parce que c'est la seule, comme nous l'avons dit plus haut, qui puisse pommer passablement sous cloche et sous châssis : on se souviendra aussi qu'on en plante de cinquante à soixante-cinq par châssis, et qu'il faut l'abriter du froid par tous les moyens indiqués, sans cependant exciter une trop forte chaleur sous les panneaux de châssis ; car, si la laitue, en général, lève très-bien à la grande chaleur humide du fumier, elle pomme mal à cette même chaleur ; il ne lui faut donc qu'une chaleur modérée : ainsi, en gouvernant bien cette laitue noire plantée sur couche et sous châssis en décembre, elle sera pommée et livrable à la consommation vers la fin de janvier et le commencement de février.

RAVE, RADIS.

La rave et le radis sont deux variétés de la même espèce et du genre Raifort, de la famille des Crucifères : ce sont des plantes annuelles, à feuilles radicales étalées, pinnatifides à la base, et dont la tige devient haute de 1 mètre, rameuse, porte des fleurs violâtres, cruciées, auxquelles succèdent des siliques renflées, tortueuses, aiguës, qui contiennent les graines. Dans les variétés cultivées, la racine est simple, pivotante, charnue, fusiforme ou arrondie, blanche, rose, violette ou noire. Les racines seules sont comestibles et se mangent crues. Il y a, au sommet de la rave et du radis, deux oreillettes, dont l'origine, très-singulière, n'a été expliquée convenablement qu'en 1838 (1).

(1) Par P. J. F. Turpin, dessinateur, botaniste physiologiste, membre de l'Académie des sciences, mort en 1840.

RAVE VIOLETTE HATIVE.

On a cultivé en différents temps différentes variétés de raves; mais depuis quelques années nous nous en tenons à la rave violette hâtive pour nos cultures forcées, parce que nous y trouvons plus d'avantage, en ce qu'elle est plus recherchée : nous en disons autant pour le radis rose demi-long.

Culture forcée, *première saison*. — C'est à la fin du mois de décembre qu'on sème cette rave pour primeur; alors on fait une ou plusieurs couches, comme il est dit au chapitre IX; on place les coffres dessus; on y met du terreau de l'épaisseur de 14 à 16 centimètres (5 à 6 pouces), et on couvre avec les châssis, pour que la couche s'échauffe plus vite; on y ajoute même des paillons si la gelée domine. Quand la chaleur est tombée au point convenable, on égalise le terreau, on sème la graine de rave assez clair pour que les raves se trouvent à 2 centimètres l'une de l'autre, on la recouvre de 12 millimètres de terreau, et on place les châssis de suite. En moins de cinq jours, la graine est levée; alors il faut donner de l'air tous les jours, s'il est possible, car la rave vient fort mal sans air. D'un autre côté, on ne négligera aucun des moyens indiqués pour empêcher la gelée de pénétrer sous les châssis. Si le temps n'est pas trop contrariant, la rave sera bonne après quarante jours de semis.

RADIS ROSE DEMI-LONG.

La culture du radis est absolument semblable à celle de la rave; l'air lui est aussi nécessaire, et, s'il arrivait un mois de janvier où l'on ne pût ouvrir les châssis plus ou moins, la saison serait compromise.

Deuxième saison. — Pour faire une seconde saison de rave ou radis de primeur, il faut, à la fin de février ou dès le commencement de mars, faire une ou plusieurs couches comme précédemment; mais on n'y mettra ni coffre ni châssis; on la chargera de terreau, et, lorsqu'il sera un peu échauffé, on le bordera et on y ajoutera ce qu'il faut pour qu'il soit partout épais de 14 à 16 centimètres; on le sèmera en rave ou radis, comme il est dit ci-dessus, et on recouvrira la graine de 12 millimètres de terreau, et, sitôt cette opération faite, on étendra des paillassons sur toute la couche, pour faciliter et hâter la germination par la concentration de la chaleur et de l'humidité. Aussitôt que la germination est effectuée, on lève les paillassons, et, comme on n'est pas à l'abri des gelées en cette saison, il faut, le jour même où l'on a levé les paillassons, établir sur la longueur de la couche deux rangs de gaulettes élevées sur de petits piquets à 8 ou 10 centimètres au-dessus, pour soutenir les paillassons à cette distance du plant quand il sera nécessaire de le couvrir. Semés de cette façon en mars, les raves et les radis seront venus en trente ou quarante jours.

RAVE ET RADIS EN PLEINE TERRE.

CULTURE. — Dès les premiers jours de mars, on sème des raves ou des radis en côtière bien abritée. On les sème rarement seuls en côtière ; l'usage le plus général est de les semer en même temps qu'on y plante de la laitue, de la romaine, des choux-fleurs, parce que les côtières sont trop précieuses au mois de mars pour n'y faire qu'une saison ; mais, à la fin du mois, on commence à en semer en plein carré, là où le soleil donne. Après avoir labouré et dressé, hersé et plombé autant de planches qu'on en a besoin, on les sème et on herse une seconde fois pour enterrer la graine ; après quoi, on répand sur le tout 15 millimètres de terreau. Dans les mois de mars et avril, on n'a pas ordinairement besoin d'arroser ; mais, s'il survenait des hâles sans gelée, il faudrait arroser en raison de la sécheresse, et pour éloigner les pucerons (altises) qui dévorent les semis des crucifères, particulièrement ceux de rave et de chou, dans les printemps secs.

On sème des raves et des radis depuis mars jusqu'en septembre, et comme ils ne sont bons qu'étant jeunes et tendres, et qu'ensuite ils montent très-vite en été, il faut en semer tous les huit jours, tenir leurs sentiers plus haut que les planches et les arroser abondamment tous les jours, le soir d'abord, ensuite vers les onze heures du matin pendant les grandes chaleurs.

Dans l'été, les raves et les radis sont bons à être mangés vingt-cinq jours après leur semis.

RADIS NOIR.

Celui-ci devient très-gros, ovale ou allongé, avec une peau noire, une chair blanche, très-ferme, peu juteuse et d'une saveur plus piquante que les autres; son feuillage est aussi plus grand, et il ne monte pas ordinairement en graine l'année qu'il a été semé; de sorte qu'il faut en conserver quelques racines à l'abri de l'hiver, comme les carottes, et les planter au printemps pour en obtenir de la graine.

CULTURE. — Le radis noir demande une terre plus forte que les autres radis : on le sème seulement une fois par an, dans le courant de mai jusqu'en juin, dans une planche préparée comme pour les autres radis; mais, comme il devient beaucoup plus fort, il faut le semer plus clair ou l'éclaircir quand il est levé, de manière que les pieds soient à environ 10 centimètres l'un de l'autre. Il faut les mouiller fort et souvent, s'ils sont en terre légère et sèche; il leur faut trois mois pour parvenir à peu près à leur grosseur naturelle, de sorte qu'on ne mange guère de radis qu'en automne et dans l'hiver; car ils se conservent dans un cellier ou une cave aussi bien et mieux que des carottes. Au reste, tout le monde ne mange pas de radis noir, il n'y a que les bons estomacs qui en fassent usage; les faibles les craignent; aussi la culture n'est pas fort étendue.

Nous ne parlons pas de beaucoup d'autres raves et radis de différentes grosseurs et couleurs, qui se cultivent, comme notre radis rose, dans les potagers, parce qu'ils ne sont pas recherchés à la halle et que les maraîchers ne doivent cultiver que ce qui est d'un débit certain.

Observation. — Quoique généralement nous ne semions nos premiers melons que dans les premiers jours de février, on peut cependant en semer vers le 20 ou 25 de décembre, ainsi que le fait depuis quelques années notre confrère M. Gontier, très-habile cultivateur en plusieurs genres de culture au Petit-Montrouge, à Paris. C'est le petit prescott fond blanc qu'il préfère pour cette saison, et il en obtient des fruits mûrs vers le 15 avril.

Il sème aussi, à la même époque, des haricots nains de Hollande, variété de notre haricot flageolet, mais plus précoce; semés en cette saison, on en obtient des haricots verts six semaines après.

Ce très-intelligent cultivateur fait usage du thermosiphon dans la plupart de ses cultures forcées sous châssis. Nous attendons que l'expérience ait confirmé les avantages ou les inconvénients de ce nouveau système de chauffage pour l'adopter ou le repousser; d'ailleurs le prix toujours croissant du fumier de cheval nous forcera peut-être bientôt à prendre une détermination à cet égard.

JANVIER.

C'est à présent l'époque de planter sur couche une très-grande partie du plant de laitue et de romaine, que nous avons conservé avec tant de soin sous cloches sur des ados : il y en aura encore à planter jusqu'au mois de mars ; mais janvier est l'époque où nous commençons nos cultures forcées sous cloche. Dans ce but, nous faisons, dans le courant du mois, un certain nombre de couches d'hiver, c'est-à-dire de la même épaisseur que celles à châssis, mais sur lesquelles nous ne plaçons que trois rangs de cloches (*voir* la composition de ces couches, chapitre IX) : à mesure qu'on les fait (1), on les charge de terreau qu'on laisse s'échauffer avant de le border, qu'on égalise après en y en ajoutant un peu s'il le faut, afin qu'il y en ait partout 12 ou 13 centimètres d'épaisseur. On place sur ce terreau trois rangs de cloches se touchant presque et en échiquier, afin de perdre moins de place. Si le temps est à la gelée, on peut étendre des paillassons sur les cloches, afin d'amener le terreau à la température convenable (30 degrés) le plus tôt pos-

---

(1) Il y a des jardiniers qui laissent 33 centimètres de distance entre chaque couche, ou un sentier de 1 pied de large, et qui ensuite le remplissent avec du fumier neuf ou mélangé, ce qui forme ce qu'on appelle *réchaud* ; mais les maraîchers, en montant leurs couches, les appuient l'une contre l'autre, trouvant qu'elles se réchauffent aussi bien de cette manière que par un réchaud.

sible; quand le terreau est arrivé à ce degré, après le coup de feu s'il a lieu, on procède à la plantation : on pourrait planter d'abord une romaine au milieu de la cloche et planter ensuite quatre laitues petites noires autour de la romaine à distance convenable; mais notre usage, ainsi que celui de tous les maraîchers primeuristes, est de planter d'abord les quatre laitues aux distances convenables du centre et du bord de la cloche, et de planter ensuite une romaine au centre, avec la précaution que les laitues soient à 8 centimètres du verre de la cloche, afin que, en grossissant, ses feuilles ne touchent pas le verre, car elles pourraient être flétries par la gelée ou brûlées par le soleil. Nous avons encore la précaution de choisir le plus beau plant de romaine avec une belle motte pour planter entre les quatre laitues.

On sent bien qu'au mois de janvier il faut que cette plantation se fasse vivement, que, quand une cloche est enlevée, il faut planter la clochée et remettre la cloche dessus tout de suite, mais qu'il faut encore, dans cette saison, veiller non-seulement à ce que la gelée n'atteigne pas la plantation, mais aussi à ce que la couche ne se rétrécisse pas trop vite. On pare à ces deux inconvénients en faisant un bon accot autour des couches, en emplissant les sentiers de fumier neuf et sec, en couvrant soigneusement les cloches avec les paillassons la nuit et même pendant les jours où il gèle ou neige, en ne laissant pas fondre la neige sur les paillassons ni dans les sentiers, et en ne négligeant pas de faire profiter le plant du soleil à travers le verre toutes les fois qu'il luit.

Quand le temps permet de lever les cloches pour visiter les plants, on en profite pour ôter les feuilles mortes ou défectueuses et tout ce qui pourrait occasionner la pourriture.

La laitue noire ainsi traitée est bonne à vendre vers la fin de février; quant à la romaine, elle est bonne à lier quatre jours après que la laitue est enlevée, et huit jours après, c'est-à-dire dans la première huitaine de mars, elle est bonne à livrer à la consommation.

On fait ainsi des couches successivement depuis janvier jusqu'en mars, et on les plante en laitue noire et en romaine de la manière que nous venons de dire; mais en mars on peut faire les couches moins épaisses, et, huit jours après qu'une couche est plantée, on plante encore un pied de romaine dans chaque vide qui reste en dehors des cloches : cette dernière romaine ne vient pas aussi vite, bien entendu, que celle qui est sous cloche; mais, quand celle-ci est enlevée, on remet la cloche sur celle qui est restée à l'air, et cela la fait avancer et coiffer rapidement, et elle peut être livrée au commerce au commencement d'avril, si elle a été clochée fin février.

CAROTTE.

Plante de la famille des Ombellifères et du genre dont elle porte le nom. Sa racine est grosse, simple, pivotante, fusiforme; ses feuilles sont multifides, trois fois ailées et menues; la tige s'élève à près de 1 mètre, se ramifie un peu, et chaque extrémité se couronne d'une ombelle de petites fleurs blanches auxquelles succèdent des fruits ou graines hérissées : il n'y a que la racine de cette plante qui soit en usage dans l'art culinaire. On compte une douzaine de variétés de carottes, dans les potagers et la grande culture, qui ont chacune leur mérite ; mais, en culture maraîchère, nous n'en cultivons que deux.

CAROTTE HATIVE.

Culture forcée. —Elle se sème dans les premiers jours de ce mois sur les couches d'hiver (*voir* ce mot au chapitre IX), sur lesquelles on place des coffres ; dans ces coffres on met un lit de terreau épais de 11 à 14 centimètres (4 à 5 pouces), et on place les panneaux de châssis quand la température du terreau est arrivée au point convenable, on y répand la graine de carotte un peu plus épais qu'un semis en pleine terre (1), parce que la carotte ne

(1) Il y a des maraîchers qui, quand la carotte est semée, y mêlent

doit pas rester si longtemps en place, et on couvre la graine de 2 centimètres de terreau que l'on plombe avec le bordoir, car la graine de carotte, étant hérissée de poils crochus, a plus besoin d'être plombée que toute autre pour ne pas laisser de vide entre elle et la terre. Quand la graine est levée, on lui donne de l'air autant que la saison le permet, et, toutes les fois qu'il y a un jour ou quelques heures de temps doux, on retire entièrement les panneaux de châssis, et on les replace promptement quand le temps change. Il va sans dire qu'on préserve ces jeunes carottes de la gelée par tous les moyens déjà indiqués. Si on ne néglige rien dans cette culture, on peut arracher de cette carotte, bonne pour la vente, dans le courant de mars et continuer en avril. Elles sont très-estimées et très-recherchées à cette époque, d'abord parce qu'elles ne sont pas grosses, ensuite parce qu'on les trouve meilleures que les carottes de l'année précédente conservées pendant l'hiver, à cause de leur nouveauté, leur tendreté et leur couleur rouge.

trente laitues noires par panneau de châssis, et dans ce but ils ont semé la carotte un peu clair ; mais la laitue noire ne voulant pas d'air pour pommer, et la carotte en voulant beaucoup pour bien venir sous châssis, ces deux plantes ne peuvent guère être cultivées ensemble comme primeur, puisque l'air est favorable à l'une et nuisible à l'autre. Cependant la nécessité de multiplier les saisons de primeur les fait cultiver ensemble sous châssis.

CAROTTE HATIVE EN SECONDE SAISON.

CULTURE. — On sème encore cette carotte en février et mars sur couches de printemps (*voir* ce mot au chapitre IX), sans châssis et sans cloche ; mais il faut établir deux rangs de gaulettes sur ces couches pour soutenir les paillassons dont on les couvre la nuit et pour préserver les carottes de la gelée : ces carottes succèdent aux précédentes jusqu'à ce que celles des côtières viennent les remplacer.

CAROTTE DEMI-LONGUE.

Celle-ci ne se cultive qu'en pleine terre par les maraîchers de Paris, et nous la semons depuis la fin de janvier, quand le temps le permet, jusqu'au mois d'août. Nous faisons notre premier semis de carotte demi-longue en janvier ou février, dans une côtière, où nous plantons notre première romaine en pleine terre. On se rappelle que nous avons déjà dit que, quand on sème et plante une planche en même temps, on commence par le semis. Ainsi, quand la côtière est labourée et hersée, on sème la carotte, on la herse une seconde fois et on la plombe avec les pieds; on répand ensuite sur toute la côtière un lit de terreau épais de 2 centimètres que l'on plombe encore, car la graine de carotte, surtout, a besoin d'être bien plombée;

après quoi on plante la romaine verte, et même les choux-fleurs, si le mois de mars approche : la carotte semée ainsi en côtière commence à donner vers la fin de mai.

Une fois mars arrivé, on sème la carotte en plein carré, en y mêlant quelques graines de radis, de laitue ou de romaine, ou on y plante de la laitue ou de la romaine. Tous ces légumes sont enlevés avant que la carotte soit venue, et lui laissent de la place pour se fortifier.

On sème ainsi la carotte demi-longue tous les mois jusqu'en août. Le premier du dernier semis se vend dans l'automne, et est plus tendre et plus recherché, à cette époque, que les grosses carottes semées au printemps. Nous ne devons pas oublier de dire que la carotte aime beaucoup l'eau, et que tous les semis d'été doivent être soutenus à la mouillure.

Observation. — Nous avons déjà dit, page 190, qu'on pouvait semer le melon en décembre ; on peut en semer aussi en janvier avec plus d'espérance de succès, surtout en faisant usage du thermosiphon dans les châssis. Mais cet appareil n'est pas encore introduit dans la culture maraîchère, quoique M. Gontier s'en serve dans ses cultures forcées depuis quelques années. Quand il sera bien reconnu que les avantages du thermosiphon l'emportent sur la dépense de son établissement et de son entretien, alors les maraîchers primeuristes l'introduiront immanquablement dans leur culture avec d'autant plus d'empressement que le prix toujours croissant du fumier de cheval commence à diminuer singulièrement leur bénéfice : jusqu'à présent nous n'avons pas encore semé nos premiers melons avant le mois de février.

FÉVRIER.

MELON.

Sous le climat de Paris, la culture des melons a toujours quelque chose de plus ou moins forcé, parce que la chaleur arrive trop tard au printemps et que le froid revient trop tôt à l'automne pour que cette plante puisse produire son fruit avec la perfection convenable à son espèce. Nous sommes donc obligés de donner au melon, pendant sa première croissance et souvent pendant ses cinq ou six mois d'existence, la chaleur et l'abri que notre climat lui refuse.

Le melon est une plante annuelle à fleur monoïque (1), de la famille des Cucurbitacées et du genre Concombre ; elle a des racines menues qui tracent jusqu'à 2 mètres autour du pied à quelques centimètres au-dessous de la surface de la terre ; sa tige, rameuse, munie de vrilles, de feuilles alternes et de fleurs axillaires, rampe sur la terre et se ramifie ; son fruit, ovale ou arrondi, lisse, brodé, can-

____

(1) C'est-à-dire que la plante porte deux sortes de fleurs, les unes mâles et les autres femelles : les fleurs mâles se montrent les premières et sont constamment les plus nombreuses, on les reconnaît en ce qu'elles manquent d'ovaire ; les fleurs femelles sont solitaires, plus grandes et se reconnaissent en ce qu'elles ont au-dessous d'elles un gros ovaire figuré en olive. En jardinage, la fleur mâle des melons et concombres s'appelle *fausse fleur*, et la fleur femelle s'appelle *maille*.

nelé et plus ou moins gros selon les variétés, est la seule partie qui se mange.

La culture des melons étant l'une des principales branches de la culture maraîchère à Paris, nous allons entrer dans tous les détails de notre pratique, telle que nous la faisons généralement aujourd'hui, car elle n'a pas toujours été la même, elle pourra subir des modifications par la suite : ainsi, quand nous ne cultivions que le melon brodé ou maraîcher, la culture de cette variété était assez simple ; à présent que les cantaloups sont, à juste titre, préférés au melon maraîcher, la culture s'est enrichie de nouveaux procédés pour obtenir des cantaloups dans toute leur perfection. Une nouvelle espèce pourra un jour exiger que l'on trouve de nouveaux procédés pour cultiver avec succès et profit ; car, sans profit, il n'y a pas de culture maraîchère possible.

Il est inutile de prouver que la culture maraîchère ne peut pas se soutenir sans profit ; mais il n'est pas indifférent sinon de prouver, du moins de faire voir que nous ne pouvons et ne devons pas cultiver certains melons très-estimés par leur précocité, mais d'une petitesse telle que, seraient-ils d'une qualité supérieure, nous ne pourrions jamais les vendre ce que leur culture nous coûterait : nous voulons parler du melon ou cantaloup orange et de quelques-unes de ses variétés. Certainement ces melons sont plus précoces que ceux que nous cultivons : on les sème dès les premiers jours de décembre, et on en obtient des fruits mûrs dès les premiers jours d'avril ; mais ces fruits sont gros comme des pommes ou comme le poing, et certes leur vente à la halle ne payerait pas à beaucoup près leurs frais de culture, en supposant, toutefois, qu'on pût les vendre. Abstraction du prix, le public de Paris ne s'accoutume pas aisément aux nouvelles productions horticoles qu'il ne connaît pas : combien de temps n'a-t-il pas fallu pour l'accoutumer à préférer le cantaloup au melon maraîcher? En résumé, la culture maraîchère ne peut et ne doit exploiter que les légumes qui ont un cours établi à la halle de Paris, et elle doit attendre que les autres productions horticoles ou agricoles dont les qualités sont préconisées par ceux qui les connaissent, par quelques amateurs de nouveautés, soient recherchées ou cotées à la halle de Paris pour en entreprendre la culture.

Le melon est la plante maraîchère qui a le plus de variétés ; les unes sont estimées dans un pays et les autres dans un autre. A Paris, ce sont quelques variétés de cantaloup qui sont aujourd'hui les plus recherchées, et, bien entendu, ce sont celles-là que les maraîchers cultivent de préférence. La manière et le temps de semer le melon et de l'élever sont assez uniformes chez la plupart des jardiniers ; mais la nécessité et la manière de le tailler sont jugées très-diversement par beaucoup de jardiniers et de théoriciens. Les maraîchers de Paris sont ceux qui font le moins de raisonnements sur la taille du melon ; mais le constant succès de leur pratique est là pour assurer qu'ils sont dans la bonne voie.

Nous divisons la culture du melon en trois saisons, savoir :

1° De primeur,
2° En tranchée,
3° Sur couche.

SEMIS DE PRIMEUR.

Dans les premiers jours de février (1), on fait une *couche mère* (*voir* ce mot au chapitre IX), que l'on charge d'un coffre à un panneau dans lequel on met un lit de terreau épais de 10 centimètres, et on la couvre d'un châssis. Quand le terreau est retombé à la température de 30 degrés centigrades à la profondeur de 8 centimètres, on sème la graine de melon en rayon ou à la volée, et on la recouvre de 15 millimètres de terreau ; on replace le châssis, sur lequel on met un paillasson qu'on laisse jusqu'à ce que la graine soit levée, ce qui a lieu en quatre ou cinq jours ; dès qu'elle est sortie de terre, on ôte le paillasson dans le jour pour que le jeune plant jouisse de la lumière et ne s'étiole pas, et on le remet, chaque soir, à bonne heure ; de plus, si la gelée est à craindre, on s'y oppose par les moyens connus. Quand l'enveloppe qu'ont soulevée

_____

(1) C'est généralement l'époque où nous faisons notre premier semis de melon ; mais on pourrait le faire dès le mois de décembre (*voir* nos observations, page 190).

les cotylédons est tombée, il est temps de faire une autre couche appelée *couche pépinière*, de même épaisseur que la précédente, mais assez longue pour recevoir un coffre à deux ou trois panneaux, car il faut bien sept ou huit jours pour que le terreau de cette nouvelle couche soit descendu à la température indiquée ci-dessus, et pendant ce temps le plant a suffisamment grandi pour être en état d'être repiqué en pépinière.

Ce repiquage se fait de deux manières, et, comme chacune a ses partisans, nous allons les exposer toutes deux, en les faisant suivre de notre propre opinion.

PREMIÈRE MANIÈRE. — Quand le terreau de la couche pépinière est parvenu à la température convenable, on va à la couche mère, on soulève le plant en passant la main ou une houlette au-dessous des racines et faisant une petite pesée ; ensuite on tire le plant de melon de terre en ménageant bien ses racines, et on va le repiquer à la main (ce qui est préférable au plantoir) dans le terreau de la nouvelle couche, en enfonçant la tige jusqu'auprès des cotylédons et plaçant les plants à 12 centimètres les uns des autres. Dès que la largeur d'un panneau est repiquée, on rabat de suite le châssis qu'on couvre d'un paillasson et qu'on laisse ainsi pendant trois ou quatre jours pour faciliter la reprise du plant ; après ce temps, on lui rend la lumière du jour et on continue de le gouverner en raison de la saison.

Deuxième manière. — Quand la couche pépinière est faite, le coffre placé et le terreau étendu, on n'attend pas que le coup de feu soit passé ; on y enfonce de suite des pots à melon vides (il en tient de soixante-quinze à quatre-vingts par panneau), on les emplit d'une bonne terre douce mélangée de terreau par moitié, on tasse un peu avec la main, et de suite on ferme les châssis, on couvre de paillassons, s'il est nécessaire, pour hâter la fermentation. Quand la terre de ces pots est parvenue à la température requise, on repique dans chacun d'eux un seul plant de melon à la main ou au plantoir avec tout le soin convenable, on ferme les châssis, sur lesquels on met des paillassons comme dans l'autre manière et pour la même raison.

A présent, nous allons dire notre pensée sur ces deux méthodes.

Si le melon, ainsi repiqué en pot, pouvait être planté à demeure le premier jour qu'il est en état de l'être, ces deux manières de repiquer pourraient être à peu près indifférentes ; mais il arrive très-rarement qu'on puisse planter un melon aussitôt qu'il est bon à être planté ; on ne le plante le plus souvent que six, huit ou dix jours après, et quelquefois plus tard encore : or celui repiqué en plein terreau ne souffre pas de ce retard, ses racines s'allongent à leur aise, et, quand on veut le planter à demeure, on l'enlève à deux mains avec une bonne motte et on va le placer dans le trou qui lui est préparé, sans que ses racines soient contournées.

Si, de l'autre côté, un pied de melon repiqué dans un petit pot y reste huit ou dix jours plus qu'il ne faudrait, ses racines sont obligées de se contourner; ce qui, selon nous, retarde son établissement comme il faut dans le trou où on le plante à demeure. Cette dernière plantation a l'avantage, il est vrai, de pouvoir se faire plus promptement, même par un temps peu favorable, et cependant nous préférons le repiquage en plein terreau.

PLANTATION DES MELONS DE PRIMEUR.

C'est le petit prescott gris que nous cultivons comme primeur ou de première saison; mais, quels que soient la saison et le melon, nous lui coupons toujours la tête quatre ou cinq jours avant de le planter, tandis qu'il est encore sur la couche pépinière, parce que, dans cet état, la plaie causée par la suppression de la tête se cicatrise plus vite et bien plus sûrement que quand on remet cette opération à faire après la plantation. Pour effectuer notre première plantation, voici comme nous procédons : en février nous avons ordinairement des couches d'hiver qui ont déjà rapporté de la laitue petite noire ou des radis, et qui se trouvent vides. Alors nous emportons d'ailleurs le terreau qui les recouvre, et, comme le fumier avec lequel elles sont composées n'est pas encore consommé, nous le brisons, nous y apportons du fumier neuf avec lequel nous le mélangeons bien et refaisons d'autres couches d'hiver à la place des anciennes.

Ces couches se font successivement l'une à côté de l'autre; quand la première est montée, on y place des coffres, et nous étalons dans ces coffres 13 à 14 centimètres (5 pouces) épais de bonne terre bien meuble et plaçons de suite les châssis; quand la chaleur est tombée au point convenable (environ 30 degrés centigrades à 10 centimètres de profondeur dans la terre), on y plante les melons que nous y avons laissés repiqués sur la couche pépinière en plein terreau ou dans des pots : on fait d'abord un rang de moyens trous au milieu de la couche, à raison de deux par panneau, ou bien on ne fait les trous qu'à mesure que l'on plante. Il faut pourtant que les trous soient faits d'avance pour recevoir les pieds de melon repiqués en plein terreau : nous allons commencer par ceux-ci.

On va à la couche pépinière, on enfonce les deux mains dans le terreau, l'une à droite et l'autre à gauche d'un plant, on le soulève avec une bonne motte de terreau et on vient le placer de suite avec la motte dans le trou qui lui est préparé sur la nouvelle couche; on étale ses racines convenablement, on les recouvre et on presse légèrement la terre; ensuite on va chercher un autre plant que l'on plante de même, et ainsi de suite. Quand la plantation est finie, ou mieux en la faisant, on répand environ trois quarts de litre d'eau sur chaque pied de melon planté, pour aider à la reprise, et on replace de suite les châssis, pour éviter le vent ou le froid.

Pareille plantation de melons repiqués en pots est moins longue et moins difficile, parce qu'on peut aller à la couche pépinière et prendre d'un coup une brouettée de pots et l'amener où les melons doivent être plantés : là le maître maraîcher prend un pot de la main droite, le renverse dans la main gauche en ouvrant un peu les doigts pour laisser passer la tige du melon, et, en frappant un petit coup sur le fond du pot, le melon et sa motte en sortent aisément; tenant ensuite cette motte de la main gauche, si le trou n'est pas fait, il le fait de la main droite, y place la motte du melon, la borne convenablement, l'arrose et replace les châssis comme précédemment.

Nous devons faire remarquer ici que, quoique, en repiquant les melons sur la couche pépinière, on les ait enfoncés jusqu'aux cotylédons, la tige a encore grandi souvent de 4 à 7 centimètres, et qu'en les plantant à demeure il faut enterrer cette partie jusque près de la première feuille, parce qu'il doit s'y développer de nouvelles racines qui augmenteront la vigueur de la plante.

Nous ferons encore observer que quelques jardiniers ont soulevé la question de savoir s'il convenait de laisser ou supprimer les cotylédons (coquilletons, en terme de maraîcher) aux melons avant ou après la plantation : ces parties devant naturellement se dessécher sur la plante, les uns ne sont pas dans l'usage de les ôter ; mais ces organes sont quelquefois attaqués de pourriture ; alors ils les suppriment jusqu'au vif en cautérisant la plaie avec des cendres, du plâtre ou de la chaux en poudre, afin que la pourriture ne gagne pas la tige : quant à la taille, nous en traiterons à la fin des diverses plantations de melons (*voir* notre opinion sur le retranchement des cotylédons, page 218).

Il ne suffit pas d'avoir planté les melons comme nous venons de le dire ; six ou huit jours après la plantation, il faut établir un bon accot autour des couches, emplir les sentiers de fumier sec bien pressé jusqu'au sommet des coffres, donner un peu d'air aux melons, dans le jour, toutes les fois que le temps le permet, couvrir les châssis toutes les nuits, doubler ou tripler même les paillassons si la gelée devient menaçante, découvrir quand le soleil luit afin que les melons se réchauffent à sa lumière au travers du verre, se mettre en garde contre l'humidité, qui n'est guère moins nuisible aux melons que la gelée ; pour la prévenir, nous n'avons d'autre moyen que de donner de l'air chaque fois que le temps le permet, et de veiller à ce que les melons soient toujours propres, en ôtant soigneusement les feuilles qui pourraient s'altérer et occasionner de la pourriture.

Le melon petit prescott, semé et planté en février, peut, si l'année n'est pas trop défavorable, donner des fruits mûrs du 10 au 15 mai.

MELON DE SECONDE SAISON.

Les maraîchers de Paris choisissent de préférence le cantaloup gros prescott fond noir et le cantaloup gros prescott fond blanc pour cultiver dans cette seconde saison en tranchée, c'est-à-dire qu'ils cultivent ces melons sur des couches faites en tranchées (*voir* ce mot, chapitre IX), recouvertes de terre au lieu de terreau.

On sème ces melons du 20 au 25 février, sur une couche mère, et on les repique sur une couche pépinière absolument comme le petit prescott dont nous venons de parler : on les étête également en pépinière cinq ou six jours avant de les planter.

Quand le temps approche de planter à demeure ce plant à melon, on fait des tranchées dans le carré qui lui est destiné, et qui doit toujours être exposé au soleil. On dirige ces tranchées, tant que l'on peut, de l'est à l'ouest, afin que le verre des châssis reçoive directement le soleil du midi. Voici comme nous faisons ces tranchées : on ouvre la première sur le bord du carré, on lui donne 1 mètre de largeur et 33 centimètres de profondeur, et on en porte la terre à l'endroit où doit se faire la dernière tranchée. Quand cette première tranchée est faite, on monte dedans une couche avec moitié de fumier neuf et moitié de fumier vieux bien mélangés, et que l'on mouille, s'il est nécessaire, pour y développer la chaleur convenable; cette couche doit avoir 66 centimètres d'épaisseur ou s'élever de 33 centimètres au-dessus du sol; dès qu'elle est faite, on ouvre une seconde tranchée à 66 centimètres de la première et qui lui soit bien parallèle, et la terre qu'on en tire, après l'avoir bien divisée, se jette sur la couche de la première tranchée, et on fait une couche dans cette seconde tranchée semblable à la première, que l'on couvrira avec la terre d'une troisième tranchée, et ainsi de suite jusqu'à ce que l'on soit arrivé à la dernière tranchée, où l'on trouvera la terre de la première tranchée pour charger la dernière couche.

Mais revenons aux deux premières couches montées, car il y a ici une observation importante à faire; ces deux couches s'élèvent à 33 centimètres au-dessus du sol, et il y a entre elles un sentier large de 66 centimètres, qui se trouvera réduit à 33 centimètres quand les coffres seront placés sur les couches; les couches elles-mêmes, en s'affaissant, se trouveront au niveau du sol, et, comme les racines de melon courent au loin près de la superficie de la terre, on doit présumer qu'elles s'étendront jusque dans les sentiers en passant sous les planches des coffres : dans cette prévision, on doit labourer la terre des sentiers pour la rendre douce et perméable, et de suite emplir ces sentiers de fumier semblable à celui des couches, bien foulé aux pieds et jusqu'à la hauteur des couches mêmes. Il va sans dire qu'il faut faire un accot le long du côté extérieur de la première couche avant de poser les coffres, afin qu'ils trouvent un appui de ce côté, puisqu'ils sont de 33 centimètres plus larges que les couches, et doivent déborder de 16 centimètres (6 pouces) de chaque côté.

Quand une couche est chargée de terre, on y place les coffres en les alignant au cordeau, on brise la terre qui est dedans et on l'étend de manière qu'il y en ait partout l'épaisseur de 12 à 14 centimètres, et on place les châssis; quand il y en a deux de faites et que les coffres et les châssis sont dessus, on remet encore du fumier dans le sentier qui est entre les deux couches, et qui alors n'a plus que 33 centimètres de largeur, jusqu'au bord supérieur des coffres, en le tassant bien avec les pieds comme la première fois. Le fumier placé ainsi dans les sentiers s'appelle *réchaud*, tandis que nous appelons *accot* celui placé autour des couches; à mesure qu'il s'affaisse, nous le rechargeons avec du fumier neuf ou mélangé, mais nous ne le remanions jamais; c'est-à-dire que nous ne réchauffons jamais nos couches comme on le fait dans plusieurs jardins potagers.

On peut planter, sur ces couches en tranchées, le cantaloup petit prescott dont nous avons parlé page 204; mais nous préférons pour cette seconde saison le cantaloup gros prescott fond blanc, et celui à fond noir ou gris, parce qu'ils sont constamment meilleurs que beaucoup d'autres et d'une défaite plus assurée : nous les élevons, comme il est dit ci-dessus, sur une couche mère et sur une couche pépinière, et, quand la chaleur de la terre des couches en tranchée est descendue au point convenable, nous les y plantons à deux plants par panneau, avec les soins et les précautions déjà indiqués, et ne négligeons rien pour les préserver du froid pendant la mauvaise saison. Quant à la taille, nous l'expliquerons ci-après ; mais nous devons dire de suite que ces melons, semés du 20 au 25 février, repiqués vers le 2 ou 4 de mars, plantés vers le 25 du même mois, donnent des fruits mûrs dans la dernière quinzaine de juin.

MELONS DE TROISIÈME SAISON.

On sème les melons de cette troisième saison depuis la fin de mars jusqu'aux premiers jours de mai, et toujours de la même manière, c'est-à-dire sur couche mère et repiqués sur couche pépinière, où ils subissent l'opération de l'étêtement : on choisit pour cette saison le cantaloup gros prescott fond blanc, le cantaloup gros galeux vert et autres.

Et, au lieu de les planter sous châssis, on les plante sous cloches sur *couches sourdes* (*voir* ce mot, chapitre IX) : en culture maraîchère, les couches sourdes se font ainsi.

On les fait successivement dans un carré bien exposé ; on creuse une tranchée large de 65 centimètres et profonde de 40 centimètres, et on en porte la terre où l'on doit finir la dernière couche; on emplit cette tranchée de fumier moitié neuf, moitié vieux, bien mélangé, bien étalé et bien pressé avec les pieds, et de façon que le milieu de la couche soit élevé de 33 centimètres au-dessus du sol, et que les côtés descendent en dos de bahut presque à son niveau; quand cette première couche convexe est faite, on ouvre une seconde tranchée à 60 centimètres de la première, on en divise bien la terre et on la dépose sur la première couche en lui conservant la forme bombée d'un dos de bahut donnée au fumier, et on finit, avec la fourche et le râteau, de lui donner une surface unie sous la forme bombée; ensuite on place sur l'endroit le plus haut ou sur son milieu une ligne de cloches à 66 centimètres l'une de l'autre, et on laisse la couche s'échauffer; la seconde tranchée se traite de même, et ainsi de suite jusqu'à la dernière.

Quand on ne craint plus le coup de feu, on plante un pied de melon sous chaque cloche, on l'arrose de suite et on couvre la cloche de litière ou d'un paillasson le jour, pour le garantir du soleil jusqu'à ce qu'il soit repris, ce qui doit arriver après trois ou quatre jours.

Lorsque les branches des melons demandent à sortir des cloches, il faut étendre un bon paillis sur toute l'étendue des couches pour que la terre ne se dessèche pas et que les racines des melons, qui vont bientôt s'étendre près de sa superficie, la trouvent douce et fraîche ; en même temps ou peu de jours après, on labourera les sentiers et on les couvrira aussi d'un bon paillis, parce que les racines des melons, après avoir traversé la terre de leur couche, s'étendent jusque dans les sentiers, et même jusque dans la couche voisine. Les melons plantés ainsi dans le commencement de mai mûrissent leur fruit dans le courant du mois d'août.

MELONS DE QUATRIÈME SAISON.

C'est le cantaloup gros noir galeux que nous faisons dans cette quatrième et dernière saison ; nous y joignons aussi quelques melons brodés ou maraîchers, quoique cette ancienne espèce soit très-inférieure aux cantaloups, quant au prix et à la qualité ; sa culture étant aussi différente de celle des cantaloups, nous la traiterons à part.

Les melons de cette saison se sèment et se repiquent absolument comme les précédents, mais plus tard, parce que leur plant ne peut être planté à demeure qu'à la fin d'avril et dans le courant de mai, la place qui leur est destinée étant occupée jusqu'à ces époques ; en effet, ils doivent succéder aux laitues, aux romaines, aux choux-fleurs, aux radis et aux carottes plantés ou semés sur couches, et ces couches ne se vident successivement que du commencement d'avril jusqu'en mai.

Au fur et à mesure que ces couches se vident,

on retire le terreau qui est dessus : à cette époque, leur fumier n'est pas consommé; alors on brise la couche, on divise et on secoue le fumier, on y en mêle du neuf au tiers ou par moitié, et on reconstruit les couches à la même place, l'une contre l'autre, en leur donnant toujours 1 mètre 66 centimètres (5 pieds) de largeur, mais seulement 40 centimètres (15 pouces) de hauteur, ainsi que nous le pratiquons pour nos couches de printemps qui, vu la saison, n'ont pas besoin d'être aussi épaisses que celles d'hiver. Quand une couche est montée, comme il est dit au chapitre IX, on la couvre de terreau, et, après que ce terreau est bordé, il faut qu'il y ait 1 mètre 32 centimètres de largeur et 12 ou 13 d'épaisseur sur toute la couche; le terreau laissant 16 centimètres vides sur chaque côté de la couche, il en résulte que deux couches accolées l'une contre l'autre laissent entre elles un espace large de 32 centimètres où il n'y a pas de terreau, et cet espace forme un sentier nécessaire et commun à deux couches.

Quant au coup de feu, il n'est guère à craindre dans des couches montées comme celles-ci avec au moins moitié de fumier qui a déjà servi, et qui n'ont que 40 centimètres d'épaisseur; cependant il est toujours prudent de s'assurer du degré de chaleur qu'elles peuvent avoir dans le terreau quatre à cinq jours après qu'elles sont chargées, et de ne les planter que quand on ne craint plus que la chaleur du terreau s'élève au-dessus de 30 degrés centigrades, à 8 ou 9 centimètres de profondeur dans le terreau.

Mais, dès que le terreau est bordé, rempli et nivelé, on trace une ligne au milieu ; on y place un rang de cloches distantes l'une de l'autre de 66 centimètres de centre à centre, et, quand la chaleur sous les cloches est au point convenable, on plante un pied de melon sous chacune d'elles, on l'arrose de suite et on ombre avec de la litière flexible que l'on pose sur chaque cloche.

Quelques maraîchers emplissent les sentiers de fumier neuf bien pilé aussitôt qu'ils ont bordé le terreau de leurs couches, dans la crainte de le faire ébouler en marchant dans les sentiers ; mais la plupart attendent que les melons soient plantés pour faire cette opération, dans la crainte d'augmenter la chaleur de la couche, dans ce premier moment où elle est suffisamment chaude : à mesure que les sentiers se creusent, on les remplit de nouveaux fumiers pour les maintenir aussi hauts que le terreau des couches, et toujours on couvre les couches avec des paillassons toutes les fois qu'on apporte du fumier dans les sentiers, afin qu'il n'en tombe pas sur les plantes, et on entoure le carré de couches d'un accot.

MELON BRODÉ OU MARAICHER.

Depuis l'introduction des cantaloups dans la culture maraîchère, le melon brodé est beaucoup

moins estimé et sa culture est grandement dimi-
nuée, parce qu'il leur est inférieur en qualité, et
que même il n'a pas toujours celle inhérente à son
espèce. On n'oserait plus aujourd'hui présenter un
melon brodé sur une table tant soit peu distinguée,
et beaucoup de maraîchers en ont abandonné
la culture ; si quelques-uns d'entre eux en font
encore, c'est parce que sa culture est plus simple,
qu'on lui fait rapporter plus de fruits, et que ces
fruits sont plus accessibles à la petite fortune que les
cantaloups.

En culture maraîchère, le melon brodé se sème
au commencement de mai, se repique vers le
10 ou 12, et se plante en place vers la fin du mois,
c'est-à-dire le dernier des melons, sur des couches
faites comme celles des cantaloups de quatrième
saison; mais, au lieu de n'en mettre qu'un rang au
milieu de la couche, on en plante deux rangs à
33 centimètres des bords et à ·66 centimètres de
distance dans les rangs (1).

Quoique nous venions d'assigner la fin de mai
pour la plantation du melon brodé, il y a pourtant
quelques maraîchers qui le sèment dès les premiers
jours d'avril et le plantent vers la fin du même
mois; alors ils obtiennent des fruits mûrs dans la
dernière quinzaine de juillet, tandis que ceux qui
le plantent fin de mai n'en obtiennent qu'en août

---

(1) Autrefois on le plantait moins près ; on n'en mettait qu'un rang
par couche et on en obtenait de plus gros fruits, parce que les racines
trouvaient plus de place pour s'étendre.

et jusqu'au 15 septembre, époque où la police défend de manger des melons, parce qu'elle croit qu'à cette saison les melons brodés ou maraîchers peuvent donner la fièvre à ceux qui en mangent.

DE LA TAILLE DES MELONS.

Nous n'avons jusqu'ici parlé des melons que jusqu'à l'époque de leur plantation ; mais ils réclament encore d'autres soins jusqu'à celle où leurs fruits mûrissent pour nous dédommager de nos peines; et parmi tous ces soins, celui de la taille est le plus important et celui sur lequel il y a des opinions très-diverses qui peuvent se résumer en ces deux questions : Faut-il tailler peu ? Faut-il tailler beaucoup ? La culture maraîchère de Paris répond oui à la seconde question, parce que la culture du melon étant tout artificielle sous notre climat, il faut continuer d'employer des procédés contre nature, pour forcer cette plante à nous donner des fruits et plus gros et plus tôt qu'elle ne ferait naturellement.

Les trois ou quatre sortes de cantaloup que nous cultivons, soit sous châssis, soit sous cloche, se taillant de la même manière, ce que nous allons dire est applicable à toutes ; nous parlerons à part de la taille du melon brodé.

CANTALOUP.

Première taille.

Nous comptons pour première taille l'étêtement que nous avons fait subir à nos melons avant de les planter lorsqu'ils étaient encore en pépinière. Plusieurs jardiniers ne font cette opération que quand les melons sont plantés ; mais alors l'humidité est plus à craindre, et la pourriture peut se mettre sur la plaie ; tandis qu'elle se cicatrise bien plus aisément et plus promptement quand les melons sont encore en pépinière. Cette première taille, tous les jardiniers la pratiquent à peu près de la même manière, en coupant la jeune plante de melon à environ 12 millimètres (6 lignes) au-dessus de la deuxième feuille.

Quant au retranchement des cotylédons, oreillettes ou coquilletons, en terme de maraîcher, c'est différent, tous les jardiniers ne sont pas d'accord ; les uns les laissent ou ne les suppriment que lorsqu'ils y voient de la pourriture ; pour nous, nous supprimons toujours les deux cotylédons et les boutons qu'ils peuvent avoir dans leur aisselle en même temps que nous les étêtons sur la couche pépinière, et nous faisons cette double opération, autant que possible, par un jour de soleil, et donnons en même temps un peu d'air, afin que les plaies se cicatrisent plus promptement.

Depuis que les melons sont plantés et repris jusqu'à ce qu'il soit nécessaire de les tailler une seconde fois, il n'y a autre chose à faire qu'à les préserver du froid par tous les moyens déjà indiqués, de les préserver des coups de soleil s'il a déjà de la force, et de leur donner de l'air toutes les fois que la température le permettra.

Deuxième taille.

La première taille a fait développer deux branches opposées qui s'étendent naturellement sur la terre; quand elles sont longues d'environ 33 centimètres, on les taille au-dessus de la quatrième feuille; c'est le temps de *tapisser* les melons plantés sous châssis, parce qu'après la seconde taille leurs branches vont s'allonger de tous côtés, et plus tard il ne serait pas aussi facile d'étendre un paillis sous leurs branches pour les éloigner de la terre et les tenir plus au sec. L'époque de donner la seconde taille aux melons plantés sous cloche coïncide avec celle où ces plantes ont besoin d'étendre leurs deux bras au dehors de la cloche ; quand ces deux bras seront aussi taillés à quatre feuilles, on étendra un paillis sur toute la couche, on soulèvera les cloches avec une, deux ou trois crémaillères, afin que les branches du melon puissent sortir et s'étendre sur les paillis ; mais, si à cette époque il y a du froid à

craindre, on ne négligera pas de dérouler des pail-
lassons sur les cloches pendant la nuit.

Troisième taille.

Les deux bras coupés au-dessus de la quatrième
feuille à la seconde taille ont dû se ramifier et pro-
duire chacun de trois à quatre branches, ce qui
fait de six à huit branches en tout ; quand les plus
grandes de ces huit branches se sont allongées d'en-
viron 33 centimètres, on les taille toutes au-dessus
de leur troisième feuille, et on les étend convena-
blement autour du pied, de manière à ce qu'elles
ne se croisent pas et ne fassent pas confusion. Déjà
on a pu voir quelques fausses. fleurs, peut-être une
maille ou deux ; mais ce n'est qu'après la troisième
taille que les mailles se montrent en quantité suffi-
sante pour faire un choix.

Nous venons avertir que l'humidité de la couche
est suffisante pour tenir la terre ou le terreau qui
la recouvre dans un état de fraîcheur convenable à
la végétation du melon, et que ce n'est guère
qu'après que les fruits ont pris une certaine gros-
seur que les arrosements deviennent nécessaires ;
pourtant, si par quelques circonstances la terre se
trouvait sèche avant cette époque, il faudrait avancer
les arrosements : nous devons avertir aussi qu'il ne
faut pas négliger de donner de l'air aux melons qui
sont sous châssis tous les jours en levant les pan-

neaux de 2, 4, 6 et 12 centimètres en raison de la température ; quant aux melons sous cloches, l'air ne leur manque pas, puisqu'à la troisième taille les cloches qui les couvrent ont dû être soulevées et soutenues à 6 ou 7 centimètres d'élévation au moyen de trois crémaillères.

Quatrième taille.

Les branches qui ont poussé après la troisième taille ont, la plupart, des mailles quand on exécute la quatrième taille : en général, on fait cette taille au-dessus de la seconde feuille, mais la présence des mailles oblige quelquefois d'apporter certaine modification à cette règle ; ainsi, s'il y a une maille dans l'aisselle d'une seconde feuille, nous sommes obligés de tailler la branche au-dessus de la troisième feuille, parce qu'il faut toujours laisser un œil au-dessus du jeune fruit pour attirer la séve.

Cinquième taille.

Toutes les branches qui naissent après la quatrième taille sont coupées au-dessus de leur première feuille, et cette cinquième taille peut être répétée trois ou quatre fois, afin que les branches du melon sous châssis ne dépassent pas la largeur du coffre et que celles du melon sous cloche ne dépassent pas la largeur de la couche, et aussi pour entretenir la végétation dans le corps de toute la plante.

Maintenant revenons aux mailles : nous venons de dire que c'était après la troisième taille qu'elles se montraient en plus grand nombre; maintenant il nous faut dire que, dans la culture maraîchère de Paris, nous ne laissons généralement qu'un seul fruit sur chaque pied de melon, parce que nous tenons à l'obtenir le mieux fait et le plus gros possible, et que, quand il en vient deux en même temps, ni l'un ni l'autre n'atteint le volume qu'un seul aurait obtenu; et c'est après la troisième taille, quand les mailles se présentent en grand nombre, que nous choisissons celle de ces mailles qui nous semble la mieux placée et la mieux conformée pour se convertir en beau fruit : quand cette maille ou une autre a atteint la grosseur d'un œuf de pigeon, nous disons, *telle maille noue;* quand elle est grosse comme un œuf de poule, nous disons, *telle maille est nouée;* alors nous supprimons les autres mailles, et c'est cette opération que nous appelons *émailler*.

Mais il faut un tact qui ne peut s'acquérir que par la pratique, pour reconnaître si une maille qui noue ou qui est nouée produira un beau fruit; la rapidité de la croissance de la maille, le ton frais de son vert sont de bon augure; quant à la forme, si le bout qui tient à la queue est plus gros que l'autre bout, ce signe n'annonce rien de mauvais; mais, si c'est le bout opposé à la queue qui est le plus gros, que la maille ait tant soit peu la forme d'une bouteille, alors elle est de mauvais augure, et nous reportons notre espoir sur une autre maille. Il nous arrive même de supprimer des melons déjà assez gros qui ne croissent pas avec la rapidité convenable ou qui ne nous paraissent pas bien conformés, et on les remplace par des mailles de belle apparence.

Quoique, généralement, nous ne conservions qu'un melon sur chaque pied, nous en laissons cependant croître quelquefois un second, s'il se présente, quand le premier a atteint les trois quarts au moins de sa grosseur.

Toutes les tailles des melons s'exécutent de huit à quinze jours l'une de l'autre, en raison de la température et du progrès de la végétation; mais, pendant cette période, les melons réclament encore d'autres soins depuis la première taille jusqu'à la dernière; d'abord, quand ils sont sous châssis ou sous cloche, il faut leur donner de l'air toutes les fois que la température extérieure le permet, et le leur ôter pendant la nuit, tant que la gelée est à craindre, et ne pas les arroser avant qu'ils aient des fruits noués. Nous ne recommandons pas de les tenir propres de mauvaises herbes, cela va sans dire; mais nous recommandons d'être soigneux dès la troisième taille, d'ôter les vieilles feuilles grises ou jaunâtres qui ne remplissent plus de fonctions utiles, qui ne produisent plus que de la confusion et une ombre nuisible, de bien espacer les branches et faire de la place aux jeunes fruits. Quand les fruits sont noués, la terre sous les châssis doit avoir besoin d'être humectée ; alors on lui donnera un demi ou un arrosoir entier d'eau pour chaque panneau en bassinant toute la terre du panneau et les feuilles des melons, parce qu'à cette époque les extrémités des racines sont déjà loin du pied, et que ce sont particulièrement ces extrémités qui ont besoin d'humidité. Quant à la fréquence des arrosements, elle est subordonnée à la température atmosphérique : s'il fait froid, on n'arrose que tous les dix ou douze jours ; mais, si le temps est beau, que le soleil se montre souvent et longtemps, on arrose tous les cinq ou six jours.

Quant aux melons plantés sous cloche, comme la terre de leur couche peut être mouillée par la pluie, même plus qu'il ne faudrait, c'est à l'expérience à enseigner quand ils demandent d'être arrosés.

Dans les années ordinaires, on dépanneaute les melons en tranchées, fin de mai ou dans les premiers jours de juin, et on laisse les cloches huit ou quinze jours plus longtemps sur les melons le plus tard plantés.

MELON BRODÉ OU MARAICHER.

Culture. — Le dernier nom de ce melon rappelle que les maraîchers ne cultivaient que lui, il y a un certain temps, quoique le cantaloup fût déjà connu par d'autres cultures ; mais enfin, depuis une cinquantaine d'années, le cantaloup est généralement cultivé par les maraîchers de Paris, et la culture du melon maraîcher se resserre tous les jours et finira probablement par être abandonnée un jour. En attendant, voici comme on le cultive encore de nos jours.

On sème et on repique le melon comme le cantaloup, mais seulement à la fin d'avril ou dans les premiers jours de mai ; on le plante sur couche du printemps à la suite du cantaloup gros galeux vert ; mais, au lieu de n'en mettre qu'un rang au milieu de la couche, on en met deux rangs, chaque rang à 33 centimètres du bord et à 66 centimètres de distance dans les rangs, et on les cloche à l'ordinaire : les autres soins, jusqu'à la taille, sont ceux que l'on donne aux cantaloups sous cloches.

Taille du melon maraîcher. — Nous taillons ce melon autant de fois que le cantaloup ; mais, au lieu de varier la longueur des tailles à quatre, trois, deux et une feuille, nous les faisons toutes au-dessus de la deuxième feuille. Quand les fruits nouent, nous n'en conservons également qu'un ; si un pied nous paraît trop touffu, nous lui supprimons quelques branches, pour faire de la place aux autres : du reste, on lui donne les mêmes soins qu'aux cantaloups.

Maturité des melons. — On sent bien que les années plus ou moins favorables avancent ou retardent l'époque de la maturité des melons ; le temps nécessaire à la maturité d'un melon se compte du moment où il est noué jusqu'à celui où il est frappé, et cette distance est ordinairement de quarante à cinquante jours. Quant à la durée d'un melon en état de maturité, elle dépend principalement de deux choses : d'abord de la température de l'endroit où on le dépose et de la quantité d'eau qu'il a dans son intérieur : la basse température tend à conserver, et la haute tend à décomposer ; mais, sans prendre de soin extraordinaire, un melon cantaloup se conserve en bon état de maturité pendant cinq à huit jours.

Si maintenant nous voulons récapituler nos diverses plantations de melon et les diverses époques de maturité, nous trouvons que la plantation de février donne des fruits en mai ; que la plantation de mars en donne en juin et juillet ; que les plantations d'avril et de mai en donnent en août et septembre.

CONCOMBRE.

Plante annuelle, rameuse, rampante, de la famille des Cucurbitacées et du même genre que le melon ; mais elle diffère de ce dernier en ce que ses fruits n'ont pas la même forme, la même saveur, et qu'ils ne se mangent que cuits ou confits. Les variétés de concombre sont beaucoup moins nombreuses que celles du melon.

CONCOMBRE BLANC HATIF.

CULTURE FORCÉE. — Dès les premiers jours de février, on fait une couche mère (*voir* ce mot), sur laquelle on sème la graine de concombre. Quelques jours après, on fait une couche pépinière, et, quand elle est à la température convenable, on y repique le jeune plant, à raison de cinquante à cinquante-cinq plants par panneau, en laissant une distance de 16 à 18 centimètres entre le devant du coffre et le plant, afin que celui-ci ne se trouve pas trop à l'ombre, et on lui donne les mêmes soins qu'aux plants de melon, c'est-à-dire qu'on l'ombre pendant la reprise, qu'ensuite on le fait jouir du soleil; mais, comme le concombre est moins délicat que le melon, on ne l'étête pas ordinairement sur la couche pépinière, on attend qu'il soit planté pour lui faire cette opération. C'est sur une couche d'hiver et sous châssis que l'on plante le concombre hâtif; on en met quatre par panneau à distance convenable du bois et entre eux et avec une bonne motte, autant que possible, et on ombre pendant les deux ou trois jours de reprise, si le soleil vient à luire. Quand le plant commence à travailler, on l'étête au-dessus de la deuxième feuille, ce qui le force à pousser deux bras; alors on tapisse toute la terre de la couche avec un paillis pour la tenir fraîche, et, quand les bras se sont allongés de

33 centimètres, on les taille au-dessus de la deuxième ou de la troisième feuille.

Quand les branches taillées ont repoussé des rameaux longs d'environ 33 centimètres, on les taille une seconde fois, après la deuxième ou la troisième feuille : on taille même encore, et pour la troisième et dernière fois, quinze jours après et toujours de la même manière ; pendant ce temps on se garantit de la gelée et du froid par le moyen indiqué, et on donne de l'air aussi souvent que le temps le permet : mais à chaque taille il faut avoir soin de bien étendre les branches, faire en sorte qu'elles ne croissent pas, et d'ôter les feuilles jaunes qui pourraient s'y trouver.

Le concombre montre des mailles plus tôt que le melon, et elles nouent plus aisément ; mais on n'en laisse nouer qu'une à la fois. Quand le premier fruit est parvenu aux deux tiers de sa grosseur, on laisse une autre maille nouer, mais jamais deux à la fois en culture forcée à 4 pieds par panneau.

Quoiqu'on ne laisse nouer qu'un fruit à la fois, un pied de concombre en a bientôt une douzaine, et c'est tout ce que nous lui permettons de porter en cette saison et sous panneau et pour les avoir beaux et d'une bonne grosseur. Pendant qu'ils croissent, on continue d'ôter les feuilles jaunes, de les abriter du froid, de leur donner de l'air, et, si leur terreau se sèche, de l'arroser suffisamment, car un pied de concombre qui a dix ou douze fruits à nourrir a besoin d'humidité à ses racines.

Un fruit de concombre ne doit pas mûrir sur pied comme un melon ; on le cueille longtemps avant sa maturité, mais on attend, pour le cueillir, qu'il ait acquis à peu près toute sa longueur et toute sa grosseur naturelles ; et cela arrive à peu près vingt-cinq jours après qu'il est noué, de sorte qu'on a des concombres de cette saison depuis le 15 avril jusqu'en juin.

CONCOMBRE GROSSE ESPÈCE EN TRANCHÉE.

CULTURE. — Dans la première quinzaine d'avril, on sème la graine sur un bout de couche chaude sous châssis, ou sous cloche, si l'on manque de châssis. Aussitôt que la graine est levée, on prépare une couche de printemps, on la couvre de châssis ou de cloches, et, quand elle est arrivée à la température convenable, on y repique le jeune plant de concombre ; on ombre pendant la reprise, ensuite on lui rend la lumière en même temps qu'on lui donne de l'air, même la nuit, s'il ne gèle pas. En quinze jours, le plant est bon à être planté en place ; alors on fait une tranchée large de 66 centimètres et profonde de 33 centimètres, dans un endroit bien exposé, et longue à volonté.

On fait, dans la tranchée, une couche haute de 50 centimètres, avec du fumier moitié neuf, moitié vieux, que l'on mouille afin de le faire fermenter convenablement (chose que l'on doit faire en montant toutes les couches, quand le fumier est sec), et on la charge avec la terre tirée de la tranchée, de l'épaisseur de 16 à 20 centimètres ; on divise et on égalise bien cette terre, et on place au milieu un rang de cloches, à 1 mètre l'une de l'autre. Peu de jours après, la chaleur sera montée dans la terre, et, en enfonçant la main dedans, le maraîcher expérimenté reconnaît si sa température est arrivée au point convenable à la plantation. Le moment arrivé, il ôte les cloches, fait un trou à la place de chacune d'elles, va lever les plants à la main, avec une bonne motte, et vient les planter dans les trous, en les enfonçant jusqu'aux cotylédons, les arrose de suite, replace les cloches sur chaque plant, et les ombre, pendant la reprise, avec des paillassons ou de la litière.

Au bout de trois jours le plant doit être repris ; alors on lui rend la lumière et on lui donne de l'air, en soulevant la cloche, du côté opposé au soleil, avec une crémaillère. Quand le plant a six ou huit feuilles, on l'étête au-dessus de la troisième; il pousse des rameaux qui bientôt emplissent la cloche : c'est le moment de répandre un bon paillis sur la couche et de permettre aux rameaux de s'étendre, en les faisant sortir des cloches et soutenant celles-ci au-dessus des pieds, au moyen de trois crémaillères.

Ces concombres, plantés sur terre échauffée par une couche, poussent plus vigoureusement que ceux plantés précédemment dans le terreau sous châssis; on leur fait subir seulement deux tailles successives, mais plus longues : c'est ordinairement au delà de la quatrième feuille qu'on les opère, et on laisse la plante nouer deux fruits en même temps, jusqu'à ce que chaque pied en ait jusqu'à quinze; pendant ce temps, la saison a permis qu'on enlevât les cloches et a exigé que les concombres fussent arrosés avec soin. Il est sous-entendu qu'il faut toujours bien étendre les rameaux et ôter toutes les feuilles jaunes à mesure qu'on les voit.

Cette plantation peut donner du fruit depuis la dernière quinzaine de juin jusqu'à la fin d'août.

Si l'on se trouve à court de fumier, au lieu de planter le concombre sous une couche ou tranchée, voici comme on doit faire : on fait des trous ronds ou carrés, de 66 centimètres de diamètre et de 33 de profondeur; on emplit ces trous de fumier mélangé, bien pressé, on le charge de terre et on plante sur chaque trou un pied de concombre, que l'on traite comme il vient d'être dit.

CONCOMBRE EN PLEINE TERRE.

CULTURE. — Cette culture réussirait mal dans une terre forte et froide; on ne doit l'entreprendre que dans la terre légère, chaude, et en même temps fertile et abritée; les maraîchers de Paris la pratiquent dans leurs côtières, avec du plant élevé sur couche et calculé de manière qu'il ne soit bon à mettre en place que vers le 15 de mai. A cette époque, si la côtière contient encore de la laitue ou de la romaine, on en arrache une à chaque mètre 33 centimètres de distance; on retourne et on divise bien la terre avec une bêche, dans une étendue de 33 centimètres, et on plante à chaque place un plant de concombre qu'on a dû lever avec une bonne motte; on arrose de suite, on couvre d'une cloche le plant pour le priver d'air, et on ombre la cloche pour le préserver du soleil; trois jours après, on lui rend la lumière et l'air en enlevant l'ombre et la cloche; bientôt après, on l'étête, on le taille comme ceux plantés sur couche en tranchée, on le tient encore plus à la mouillure à cause de sa position plus desséchante. Cette plantation donne ses fruits depuis août jusqu'en septembre.

CORNICHON.

Le cornichon est de même famille et du même genre que le concombre; ce n'est même qu'une espèce de concombre dont le fruit est verruqueux, qui se cueille encore vert à la grosseur du doigt, et qui ne s'emploie que confit au vinaigre; dans cet état, il se conserve d'une année à l'autre.

Culture. — La graine de cornichon se sème, au commencement de mai, sur une couche de printemps, sous châssis ou sous cloche, et se repique sur une autre couche, comme le concombre, et à la fin du mois le plant est bon à mettre en place.

En culture maraîchère, le cornichon se plante généralement dans les planches qui sont déjà plantées en plein marais; on laboure de petites places, à 1 mètre de distance, dans un ou deux rangs de ces planches et on y plante un pied de cornichon; on l'arrose, on·l'ombre pendant quelques jours avec un peu de litière, et, quand il est bien repris, on l'étête au-dessus de la troisième feuille; bientôt la planche se vide et les bras du cornichon ont de la place pour. s'étaler sur la terre qu'on a eu soin de nettoyer et de couvrir d'un paillis. Les uns font une première taille, comme aux concombres; les autres ne le taillent pas et se contentent de bien étendre les branches sur le paillis. Le cornichon demande à n'être pas négligé à la mouillure, ni dans le retranchement de ses feuilles jaunes.

Planté de cette manière très-simple, le cornichon donne des fruits abondamment, depuis le commencement d'août jusqu'à la fin de septembre, et on peut en cueillir tous les deux jours, parce qu'il ne faut que huit jours après qu'il est noué pour parvenir à la grosseur convenable pour la vente.

CHICORÉES.

Plantes de la famille des Composées et de l'ordre dont elles portent le nom ; il y en a d'annuelles et de vivaces : les unes s'élèvent à moins de 1 mètre, les autres s'élèvent jusqu'à 2 mètres ; les feuilles radicales, entières ou plus ou moins découpées, sont seules comestibles ; toutes ont les fleurs bleues et les graines couronnées.

CHICORÉE FINE D'ITALIE.

Culture forcée. — La graine de cette chicorée se sème, dans les premiers jours de février, sur une couche mère très-chaude et sous châssis. Les uns recouvrent la graine de 2 ou 3 millimètres de terreau ; les autres ne la couvrent pas du tout. Dès qu'elle est semée, on baisse les châssis et on les couvre de paillassons, pour que la graine soit à l'obscurité et germe plus promptement. En vingt-quatre ou trente heures elle est germée ; alors on lui rend la lumière pour que les pousses verdissent ; le soir, on remet les paillassons et on la garantit de la gelée par les moyens connus. Le plant grandit vite à la haute température de la couche, et, douze jours après que la graine est semée, le plant est assez fort pour être repiqué. Cette époque a dû être prévue, et on a dû monter une couche pépinière chargée de 10 centimètres de terreau et recouverte de châssis ; on plombe le terreau et on y repique, avec le doigt, le jeune plant de chicorée, tandis qu'elle est bien chaude, à raison de trois cent cinquante à quatre cents plants par panneau, en ayant soin que le rang de devant soit à 16 centimètres du bois du coffre : à mesure que l'on repique, on replace le châssis et on le couvre d'un paillasson, et ainsi de suite, jusqu'à ce que tout le repiquage soit fait ; le surlendemain, on peut rendre la lumière au plant en continuant de le couvrir le soir et de le garantir du froid : quand le plant est bien repris et qu'on le voit pousser, on lui donne de l'air dans le jour toutes les fois que le temps le permet.

Au bout d'environ trente jours que le plant est repiqué, il faut penser à le planter en place ; alors on fait des couches de printemps, que l'on charge de 14 à 18 centimètres de terreau et que l'on couvre de châssis, et on y plante la chicorée à raison de trente-six à quarante plants par panneau. Nous devons faire ici une observation : quand on va à la couche pépinière pour prendre le plant, il ne faut pas l'arracher comme des raves, il faut, au contraire, passer la main au-dessous des racines, le soulever, afin qu'il reste entre ses radicelles beaucoup de terreau (c'est ce qu'on appelle une motte), et on vient le planter à la main, sur la nouvelle couche, en ne l'enfonçant que jusqu'au collet, parce que la chicorée, ainsi que la laitue, devant étaler ses feuilles sur la terre, serait gênée dans sa croissance, si le bas de ses feuilles se trouvait enterré. A mesure que l'on a planté un panneau ou deux, on replace les châssis et on ombre pendant deux ou trois jours; ensuite on rend la lumière dans le jour et on couvre toutes les nuits. Quand on voit la chicorée pousser, on lui donne de l'air tous les jours, aussi longtemps que la saison le permet.

Cette chicorée a les feuilles le plus finement découpées, et ne doit pas venir aussi grosse que de la chicorée d'automne; quand elle est pleine et large d'environ 22 centimètres, on la lie avec un brin de paille; dix jours après, on en délie un pied, pour voir si elle est assez blanche, et, si elle l'est convenablement, on l'arrache, on la pare et on la livre à la consommation.

La chicorée fine, semée les premiers jours de février et traitée ainsi, peut être vendue vers la fin de mai.

CHICORÉE DEMI-FINE.

Celle-ci se distingue en ce qu'elle est moins frisée, moins découpée et plus grosse que la précédente.

CULTURE. — Dans la première quinzaine de mars, on sème la graine de cette chicorée sur couche mère très-chaude, et on la repique sur couche pépinière également chaude, comme on a fait pour la précédente. Quand le plant est bien repris, on lui donne de l'air, et, s'il survient de beaux jours, on ôte les châssis, afin que le plant se raffermisse, et on les remet la nuit, pour peu que l'on craigne la gelée ; il pourra être nécessaire même de mouiller un peu. Dans les premiers jours d'avril, le plant commencera à être bon à planter en pleine terre : on labourera et on dressera donc quelques planches, on les couvrira de 2 centimètres de terreau, et sur chaque planche large de 2 mètres 33 centimètres on tracera avec les pieds douze ou treize rayons. Quand les rayons sont faits, on va à la couche pépinière lever du plant de chicorée, avec un peu de motte, pour le planter au plantoir, dans les sillons, en plaçant les pieds à 40 centimètres l'un de l'autre dans les rangs ; on arrose de suite, et, quand la chicorée est reprise, on l'arrose en raison de la chaleur et de la sécheresse. Quand elle a le cœur bien plein, on la lie une première fois par en bas seulement, et, si la sécheresse ou la chaleur exige qu'on continue de l'arroser, il ne faut pas la mouiller, pendant le grand soleil, avec l'eau froide de nos puits, cela la ferait gâter dans le cœur ; il faut donc l'arroser le matin ou le soir. Huit jours après qu'elle a été liée, on lui remet un second lien dans le haut, pour lui cacher le cœur, et, quelques jours après, on peut l'arracher, la parer et l'envoyer à la halle. C'est ordinairement dans la dernière quinzaine de juin que cette chicorée est vendable.

CHICORÉE D'ÉTÉ.

Cette espèce est moins sensible au froid que les précédentes ; elle devient beaucoup plus grosse, et ses feuilles sont plus larges.

CULTURE. — On sème cette espèce, dans les premiers jours d'avril, sur une couche mère très-chaude, couverte de 10 centimètres de terreau, assez clair, parce qu'on ne doit pas la repiquer, et, quand la graine est semée, on la recouvre de 15 millimètres de terreau ; mais on n'y met pas de châssis comme précédemment : on laisse le plant se fortifier à l'air et on l'arrose au besoin. Quand le plant est assez fort pour être replanté, on laboure et on dresse des planches comme à l'ordinaire ; mais, au lieu de les couvrir de terreau, on les couvre d'un paillis, pour les raisons déjà expliquées plus haut, et, comme cette chicorée doit devenir grosse, on trace sur chaque planche, toujours avec les pieds, dix rayons, au lieu de douze ou treize, et on y plante cette chicorée à 45 centimètres d'intervalle dans les rangs. On sent bien qu'à cette époque il faut arroser de suite, et soutenir les plantes à la mouillure pendant toute leur croissance. On peut commencer à lier cette chicorée à la fin de juin et en porter à la halle au commencement de juillet.

CHICORÉE ROUENNAISE.

Cette espèce n'est cultivée par les maraîchers que depuis sept ou huit ans ; elle est plus verte, finement découpée et moins crépue que les autres.

CULTURE. — Cette espèce se sème en mai, sur un bout de couche assez chaude, et, comme on ne la repique pas, il faut la semer clair. Dans le commencement de juin on laboure, on presse, on paille des planches, sur lesquelles on trace neuf ou dix rayons avec les pieds, et on y plante cette chicorée à 45 centimètres de distance dans les rangs. On arrose de suite et toutes les fois qu'il est nécessaire, jusqu'à la récolte ; mais on n'attend pas jusque-là pour en semer d'autres. Après le premier semis sur couche dans le courant de mai, il faut en semer sur terre tous les quinze jours, jusqu'en août.

CHICORÉE DE MEAUX.

Cette chicorée est la plus commune, la plus anciennement cultivée, la plus grosse et la plus robuste : c'est elle que l'on conserve bien avant dans l'hiver, d'abord avec quelques couvertures dans les jardins, ensuite dans les caves ou celliers. Les jardiniers qui font beaucoup de chicorée en sèment tous les dix jours, pour ne pas manquer de plant.

CULTURE. — Nous semons la chicorée de Meaux depuis le commencement de juin jusqu'à la fin de juillet, en pleine terre, dans un endroit qu'on aura bien préparé par un labour et bien divisé : après que la graine est enterrée par un hersage, on répand dessus un léger paillis de fumier très-court ou presque consommé, on mouille légèrement et on répète la mouillure souvent, s'il ne pleut pas. Quand le plant a 8 ou 10 centimètres de haut, on le plante dans les planches bien labourées, dressées et paillées, sur lesquelles on trace seulement neuf rayons avec les pieds, au lieu de dix, parce que cette chicorée devient plus forte que la précédente; lorsqu'elle est plantée, on l'arrose de suite, et après, d'autant plus souvent que nous sommes à présent dans l'été. Quant aux autres soins jusqu'à la vente, nous n'en parlons pas, puisqu'ils sont les mêmes que pour les espèces précédentes.

CHICORÉE SAUVAGE.

Celle-ci diffère des autres en ce qu'elle est plus haute, vivace ou au moins trisannuelle ; que ses feuilles sont lancéolées, ne pomment pas, sont plus amères et d'un usage plus restreint comme aliment.

CULTURE FORCÉE. — Dans le courant de février, on monte une couche de printemps (il serait inutile de la faire plus forte); on y pose des coffres, on la charge de 10 ou 12 centimètres de terreau et on place les châssis, quand le terreau est chaud ; on y sème la graine très-dru, et on la recouvre de 15 millimètres de terreau ; après quoi, on étend des paillassons sur châssis. Quand la graine est levée, on peut lui rendre un peu de lumière : mais nous ferons observer que cette chicorée devant rester tendre et d'un vert blond, que l'air et la lumière détruisant ces deux qualités, il ne faut donner à cette petite chicorée que peu de lumière et point d'air. En moins d'un mois après le semis, les feuilles sont devenues longues de 8 à 10 centimètres ; alors on les coupe, avec un couteau ou des ciseaux, à 2 centimètres au-dessus du terreau, et on les porte à la halle. Douze ou quinze jours après, la plante a repoussé une seconde récolte, que l'on cueille comme la première; puis on dispose de la couche pour un autre produit.

CHICORÉE BARBE-DE-CAPUCIN.

Quoique la culture maraîchère de Paris ne s'occupe plus guère de faire de la barbe-de-capucin, depuis que les cultivateurs des environs se sont emparés de cette branche d'industrie, nous croyons pourtant devoir rappeler ici, en abrégé, comment on obtient la barbe-de-capucin qui paraît, pendant l'hiver, sur les marchés de la capitale et que l'on mange en salade, le plus souvent, avec de la betterave cuite au four.

16

Manière d'obtenir la barbe-de-capucin. — Fin de mars et commencement d'avril, on sème la chicorée sauvage, à la volée et un peu clair, en plein champ. Pendant l'été, on vend les feuilles aux herboristes. En octobre, on commence à arracher les racines, pour les faire pousser dans les caves, et on continue d'en arracher pendant les mois de novembre, décembre, et même en janvier. On apporte ces racines à la maison, on casse toutes les feuilles près de la tête ou couronne de la racine ; ensuite on rassemble ces racines par grosses bottes de 33 centimètres de diamètre (1 mètre de tour), en mettant bien toutes les têtes au même niveau, et on les lie avec un osier. Pendant ce temps, on a préparé, dans une cave très-obscure, une couche de fumier de cheval, épaisse de 25 à 30 centimètres ; on ne met ni terre ni terreau sur cette couche, on commence par déposer sur le fumier un premier rang de ces grosses bottes debout contre le mur, ensuite un second rang contre le premier, puis un troisième rang contre le second, et ainsi de suite et toujours en échiquier afin de laisser le moins de vide possible entre les bottes : il ne reste ordinairement qu'un petit sentier de vide au milieu de la cave pour le besoin du service. En vingt ou vingt-deux jours les racines de toutes ces bottes ont poussé des feuilles étroites, longues de 25 à 30 centimètres, très-blanches, très-propres.

Alors on prend ces grosses bottes, on les apporte à la lumière, on divise chacune d'elles en six ou huit autres petites bottes, contenant chacune une centaine de racines et leurs feuilles, et on lie chacune d'un osier : c'est dans cet état qu'on les livre à la consommation, sous le nom de barbe-de-capucin.

Quoiqu'il n'y ait pas de lumière et que très-peu d'air dans la cave, toutes les feuilles de la chicorée se penchent cependant vers l'endroit où il y a le plus d'air ; c'est pourquoi toutes ces feuilles s'inclinent du même côté, inclinaison que leur conservent les personnes qui les mettent en petites bottes, dans le dessein de les rendre plus agréables à la vue.

Il y a plusieurs manières de faire blanchir la chicorée ; mais celle-ci est la plus générale, la plus simple, la plus sûre quand on en fait autant que les cultivateurs qui fournissent de la barbe-de-capucin sur les marchés de la capitale, depuis la fin d'octobre jusqu'à la fin de janvier, époque où la laitue pommée la remplace.

CHICORÉE SCAROLE BOUCLÉE OU A FEUILLES RONDES.

En jardinage, cette plante s'appelle simplement scarole ; mais nous devons la ranger ici avec les chicorées, puisqu'elle en a les caractères. Il y a quelques variétés de scaroles bien connues, qui ont chacune leur nom, mais nous ne cultivons que celle-ci, parce que nous la trouvons plus grosse et de bonne défaite ; la salade de scarole est moins dure que celle de chicorée.

CULTURE. — On sème pour la première fois cette scarole en juin sur une petite couche que l'on fait exprès, épaisse de 33 centimètres au plus, recouverte de 10 à 12 centimètres de terreau ; la graine se sème un peu clair, parce que le plant ne doit pas être repiqué, et on la couvre de 15 millimètres de terreau ; on n'y met ni cloche ni châssis ; on en sème de cette même manière jusqu'au 10 juillet ; après quoi, on la sème en pleine terre jusqu'au 8 août. La raison pourquoi nous semons d'abord sur couche, c'est que les racines des plantes font plus de chevelu dans le terreau que dans la terre, et que le chevelu est favorable à la reprise et à la beauté des plantes ; après vingt ou vingt-cinq jours de semis, le plant est bon à planter, si on ne l'a pas négligé à la mouillure. On prépare des planches et on les couvre d'un paillis, comme nous l'avons déjà dit plusieurs fois ; car, en culture maraîchère, c'est toujours la même chose : on laboure, on dresse, on herse, et on couvre d'un paillis en été et de terreau en hiver toute la terre où l'on peut planter. Pour en revenir à la scarole, quand le paillis est bien étendu, on trace avec les pieds, et toujours avec les pieds, sept à huit rayons par planche, et on y plante la scarole à 66 centimètres de distance dans les rangs ; on arrose de suite la plantation, et on continue de la mouiller souvent, tant qu'elle reste sur le terrain.

Si la scarole est bien tenue à la mouillure, elle est bonne à lier cinquante jours après la plantation, et, dix jours après la liure, elle est bonne à livrer à la consommation.

Les semis, faits successivement tous les dix ou quinze jours jusqu'à la fin d'août, se plantent et se traitent de même ; les dernières plantations peuvent supporter quelques degrés de gelée, et, avec quelques précautions, on en conserve jusque dans les premiers jours de janvier.

HARICOTS.

Plantes de la famille des Légumineuses, de l'ordre et du genre dont elles portent le nom ; les espèces et les variétés sont nombreuses : les unes sont grandes, volubiles et ont besoin de tuteur ou d'échalas ; les autres sont naines et se soutiennent droites sans tuteur : toutes ont les feuilles ternées ou composées de trois folioles. Les fleurs, en grappes axillaires, sont très-distinctes de toutes les autres fleurs de leur famille, en ce qu'elles ont la carène, les étamines et le style contournés en spirale. Le fruit est une cosse à deux valves, longue et étroite, qui contient plusieurs graines, la plupart réniformes. Les maraîchers de Paris ne cultivent que l'espèce suivante pour manger en vert.

HARICOT FLAGEOLET.

CULTURE FORCÉE. — Quelques-uns d'entre nous appellent ce haricot, nain de Hollande, nain de Laon, et tous conviennent que c'est le plus hâtif et le plus propre à être forcé. Dans la première huitaine de février, on fait une couche de printemps à pouvoir contenir un coffre à deux ou trois panneaux, dans lequel on étend un lit de terreau épais de 11 à 14 centimètres ; après quatre ou cinq jours, la plus grande chaleur est apaisée ; alors on égalise le terreau, on le plombe légèrement, on y sème le haricot assez dru, et on le recouvre de 15 millimètres de terreau : après cette opération, on place les châssis et on les couvre de paillassons. Les haricots ne tardent pas à lever ; quand ils sont sortis du terreau, on leur rend la lumière dans le jour et on les recouvre la nuit.

Huit ou dix jours après que les haricots sont semés, il faut s'occuper de leur plantation, car ils poussent vite, et il ne faut pas attendre qu'ils soient grands pour les planter. On fait donc promptement, dans un endroit bien exposé, une ou successivement plusieurs tranchées, larges de 1 mètre 50 centimètres et profondes de 40 à 48 centimètres, dans chacune desquelles on établit une couche de l'épaisseur de 66 centimètres, sur laquelle on place des coffres dans lesquels on met 16 centimètres épais de terre bien divisée, tirée de la tranchée même que l'on a faite ou de celle que l'on ouvre à côté, et, lorsqu'elle est bien étendue dans les coffres, on place les panneaux : quand cette terre est suffisamment échauffée, on y plante les jeunes haricots à la main en les enfonçant jusqu'aux cotylédons, à raison de cinq rangs par panneau ; on en met deux dans chaque trou, à 27 millimètres (1 pouce) l'un de l'autre, pour former touffe, et chaque touffe à 18 ou 20 centimètres l'une de l'autre dans les rangs. Aussitôt qu'on a planté un ou deux panneaux, on place les châssis et un paillasson par-dessus, et ainsi de suite jusqu'à la fin de la plantation. Quand les haricots sont repris, on ôte les paillassons dans le jour et on les remet la nuit, et on leur donne un peu d'air toutes les fois que le temps le permet ; pour cela, on a des cales en bois épaisses de 3 centimètres, larges de 8 centimètres et longues de 18 centimètres, et on les place à plat, de côté ou debout, sur le bord des panneaux, selon que l'on veut donner plus ou moins d'air aux haricots, ainsi qu'à toutes les plantes sous châssis.

Quand les haricots sont forts et qu'ils commencent à fleurir, il faut les visiter souvent, pour ôter les feuilles mortes ou qui jaunissent ; il faut même en ôter de vertes pour donner de l'air aux plantes et que les rayons du soleil puissent les pénétrer, afin que la fleur ne coule pas et que les *aiguilles* (petits fruits) se forment ; lorsque ces fruits (petits haricots verts) sont longs de 6 à 7 centimètres, c'est le moment de les cueillir, et, comme ils se succèdent rapidement, on peut les cueillir tous les trois jours. Il peut arriver que la terre se dessèche, et les fruits couleraient si on n'arrosait pas de temps en temps ; un arrosoir d'eau par châssis est suffisant. Cette plantation bien conduite donne des haricots tendres pendant deux mois, et les mêmes couches étant retournées, on peut y planter une dernière saison de melon.

HARICOT FLAGEOLET EN PLEINE TERRE SOUS CHASSIS.

CULTURE. — Dans la dernière quinzaine d'avril, on fait un bout de couche, on y place un coffre à deux ou trois panneaux, on y sème le haricot comme il est dit ci-dessus ; quand il est bien levé, on laboure une ou plusieurs planches, larges chacune de 1 mètre 50 centimètres, à bonne exposition, et, quand la terre est bien hersée, bien divisée, on la couvre de 2 centimètres de terreau, et on y place des coffres, dans lesquels on plante les haricots comme nous l'avons déjà dit ; on les recouvre de châssis sur lesquels on étend les paillassons le jour, jusqu'à ce que le plant soit repris ; ensuite on donne de l'air de plus en plus et on mouille en raison de la sécheresse. En cette saison, on enlève ordinairement les châssis avant que les haricots fleurissent : l'air les rend plus robustes, ils fructifient abondamment jusqu'à la fin de juillet ; époque où les maraîchers cessent de cultiver les haricots, parce qu'il en arrive beaucoup dans la campagne sur les marchés, et qu'ils ne peuvent plus soutenir la concurrence.

Si on manquait de châssis pour faire cette dernière saison de haricots, on pourrait, après les avoir fait germer sur couche, les planter sous des cloches à 6 pieds par clochée, dans la terre préparée comme pour les châssis ; après les avoir ombrés pour les faire reprendre, on leur donne de l'air en soulevant les cloches du côté du nord au moyen de crémaillères, et on n'attend pas que les cloches soient pleines pour déclocher, car les feuilles qui toucheraient le verre brûleraient.

PERSIL.

Plante de la famille des Ombellifères et du genre dont elle porte le nom ; c'est une plante bisannuelle, à racine pivotante, haute d'environ 1 mètre, à feuilles radicales décomposées : fleurs en ombelle, blanchâtres, auxquelles succèdent des fruits géminés, ovales, striés. Les feuilles radicales de la plante sont employées comme condiment en cuisine. Parmi les différentes variétés de persil, les maraîchers de Paris ne cultivent que le blond et le vert ; ils estiment mieux le vert que le blond.

Culture forcée. — Cette culture est si simple qu'elle mérite à peine l'épithète de *forcée* : elle est même très-peu pratiquée par les maraîchers de

Paris, sans doute à cause de l'inconstance de nos hivers. Elle consiste à faire une couche dans les premiers jours de février, même de janvier, à la charger de 16 centimètres de terreau, d'un coffre et de châssis, et à y planter des pieds de persil tout venus, où ils produisent promptement ces feuilles.

Et, comme le persil est une chose indispensable en cuisine, quand il arrive des hivers longs et rigoureux qui tiennent en léthargie ou tuent celui de la pleine terre, celui conservé sous châssis acquiert un très-haut prix qui récompense grandement son possesseur, mais qui, dans les hivers doux, ne lui occasionne que de la perte. Il en est de même de l'oseille dont nous parlerons dans les cultures du mois d'avril.

PERSIL EN COTIÈRE.

CULTURE. — Dès le premier jour de février, on sème un ou deux rayons de persil au pied d'un mur à bonne exposition ; il ne lèvera qu'à la fin de mars, et on pourra en couper fin d'avril et en mai. Il est plus tendre et moins fort que le vieux persil, qui monte à cette époque.

PERSIL EN PLEINE TERRE.

CULTURE. — Dans les premiers jours d'avril on

laboure une planche de la largeur ordinaire, sur laquelle on trace avec les pieds douze sillons, profonds de 2 centimètres, dans lesquels on sème la graine ; quand elle est semée, on repasse entre les sillons, et avec les pieds on fait tomber la terre à droite et à gauche sur la graine ; ensuite on passe un râteau sur le tout pour unir la terre, et on la couvre de 2 centimètres de terreau ; cela fait, on plante sur une planche neuf ou dix rangs, de romaine, à la distance de 66 centimètres dans les rangs, que l'on arrose de suite et que l'on entretient à la mouillure en raison de la sécheresse ; le persil étant longtemps à lever et grandissant lentement, la romaine est venue et vendue avant qu'on puisse cueillir le persil.

Tant que la romaine existe avec le persil, il profite des arrosements de la romaine ; mais, quand il se trouve seul, il ne faut pas oublier de l'arroser de temps en temps. Pendant tout l'été, le persil se cueille plusieurs fois, en le coupant à près de 3 centimètres au-dessus de terre ; mais, pendant l'hiver, on le cueille à la main en décollant les feuilles du pied et ménageant le cœur. Au printemps, il monte, et on le détruit si on n'a pas besoin de sa graine.

———

MARS.

ASPERGE.

Plante dioïque, de la famille des Liliacées et du genre dont elle porte le nom ; c'est une plante qui produit un gros rhizome vivace, appelé vulgairement griffe ou patte, duquel s'élèvent des tiges annuelles, rameuses, hautes de 1 mètre et plus, munies de très-petites feuilles ; les fleurs sont petites, blanchâtres ; il leur succède (sur les pieds femelles) de petits fruits rouges, pisiformes, qui contiennent les graines.

Les parties comestibles de l'asperge sont ses jeunes tiges, lorsqu'elles n'ont encore que de 6 à 12 centimètres de longueur au-dessus de terre.

Observation. — Les maraichers de Paris ne faisant de l'asperge qu'en culture forcée, leur manière de la planter devra paraître différente de celle généralement suivie dans les jardins potagers.

Culture. — Dans le courant de mars on laboure une planche en bonne terre meuble qui ne soit ni à l'ombre ni dans un endroit trop chaud, et on y sème à la volée la graine d'asperge dite de Hollande, de Marchiennes, ou enfin de la plus belle espèce possible ; on la herse pour l'enterrer, et on répand sur planche l'épaisseur de 3 centimètres de terreau. Tandis que les jeunes plantes poussent, on les ésherbe au besoin, et, si l'été est sec, quelques bonnes mouillures leur seront très-utiles.

Après un an de semis, le plant est bon à planter; alors, au mois de mars, on fait une fosse large de 1 mètre 33 centimètres, profonde de 40 centimètres, en jetant la terre d'un côté; on met 20 centimètres d'épaisseur de fumier de vache bien pressé dans le fond de la fosse, et on le couvre de 8 centimètres de la meilleure terre tirée de la fosse, que l'on tasse bien avec les pieds; ensuite on y passe le râteau.

Cette opération étant faite, on arrache l'asperge semée un an auparavant; les griffes ont les racines entremêlées les unes dans les autres; on les sépare et on en place quatre rangs sur la terre qui est dans la fosse, laquelle a 1 mètre 33 centimètres de largeur et une longueur à volonté; mais il faut que les deux rangs des côtés soient à 16 centimètres du bord, parce que, en vieillissant, l'asperge s'étendrait dans le sentier, ce qui serait un inconvénient au moment de la chauffer. En laissant 16 centimètres (6 pouces) de chaque côté, il ne reste plus que 1 mètre (3 pieds) pour planter quatre rangs d'asperges, ce qui met les rangs à 24 centimètres (9 pouces) l'un de l'autre, et, pour augmenter la distance d'un pied à l'autre, on les place en échiquier, en laissant un espace de 40 centimètres (15 pouces) entre chaque pied dans les rangs, et on recouvre le tout de 8 à 10 centimètres de terre.

La distance des rangs et des pieds entre eux étant

ainsi calculée, on procède à la plantation ; on prend une griffe, on la pose à la place indiquée sur la terre préparée, en étendant bien les racines à la circonférence, et on la fixe dans cette position en mettant une poignée de terre dessus. Quand toute la fosse est plantée, on la remplit avec la terre qu'on en avait tirée, en la tenant un peu plus haute ; car le fumier qui est dans le fond doit baisser en se pourrissant, et il faut que les fosses se trouvent, par la suite, au niveau des sentiers (1) : alors il y aura environ 8 ou 10 centimètres de terre sur les griffes.

Après que cette première fosse est plantée et comblée, on en ouvre une pareille à côté, à 66 centimètres de distance ; on la plante de même, et ainsi de suite, jusqu'à ce que le carré soit planté, en laissant toujours un sentier large de 66 centimètres (2 pieds) entre chaque fosse.

Quand tout le carré est ainsi planté, on laisse l'asperge croître et se fortifier pendant deux campagnes, en ayant soin seulement de n'y pas laisser venir de mauvaise herbe, de tenir le carré propre et de donner un très-petit labour, plutôt à la

(1) Il y a plusieurs autres manières de planter l'asperge, surtout lorsqu'on ne doit pas la forcer et que l'on veut qu'elle produise pendant une vingtaine d'années ; ainsi on la plante plus profondément : on plante l'asperge sur de petits cônes de terre, afin que ses racines soient à peu près perpendiculaires, qui est la direction qu'elles prennent naturellement par la suite ; on ne remplit les fosses que peu à peu pendant trois ans ; mais nous, nous ne demandons à l'asperge qu'une existence d'une douzaine d'années et la plantons plus jeune et plus près que ceux qui ont beaucoup de place à lui donner.

fourche qu'à la bêche, en mars, la seconde année.

Si le plant était bon, si la plantation a été bien faite, à l'automne de la seconde année, on jugera, à la grosseur des tiges des asperges, qu'elles sont assez fortes pour être forcées en novembre (1).

Manière de forcer l'asperge blanche. — Dans la première quinzaine de novembre, on creuse les sentiers du carré d'asperges sur 66 centimètres de largeur et autant de profondeur ; on met de cette terre bien divisée l'épaisseur de 18 à 22 centimètres sur les planches d'asperges, afin de les faire allonger, et le reste se dépose au bout des sentiers. Quand ces sentiers sont vides, on les emplit de bon fumier neuf de cheval, arrangé et bien tassé comme quand on fait une couche ; on place les coffres sur les planches d'asperges ; on étale bien la terre qu'on a déposée sur les planches ; on remet encore du fumier neuf dans les sentiers jusqu'au bord supérieur des coffres ; on creuse de pareils fossés au bout des planches, qu'on emplit également de fumier. Plusieurs maraîchers emplissent aussi les coffres de fumier neuf, avant de placer les châssis, dans le but d'échauffer le dessus de la terre en même temps que le fumier des sentiers en échauffe les côtés. Enfin, les châssis étant posés, on les couvre de litière sèche ou de paillassons, afin que la cha-

---

(1) Beaucoup de personnes laissent les asperges croître en liberté pendant trois ans et ne commencent à les couper qu'à la quatrième année de plantation ; mais nous autres nous ne pouvons pas attendre aussi longtemps : nous les coupons à leur troisième pousse.

leur qui va se manifester dans la terre ne s'évapore pas en pure perte ; on remet même encore du fumier dans les sentiers pour l'élever plus haut que le bord supérieur des coffres.

Quinze ou vingt jours après, les asperges commencent à sortir de terre ; ceux des maraîchers qui ont empli les coffres de fumier le retirent pour laisser la terre à nu et recouverte seulement de châssis, afin de voir les asperges pousser : mais il faut, toutes les nuits, couvrir les châssis de paillassons simples ou doubles, selon le degré de froid qui peut survenir. On cueille les asperges quand elles sont longues d'environ 8 centimètres (3 pouces) au dehors de terre ; voici comme on doit s'y prendre : on fouille avec la main, en retirant la terre au pied des asperges, et en prenant garde de casser ou blesser celles qui ne sont pas encore sorties de terre. En fouillant et en retirant la terre à plusieurs fois, on finit par dégager l'asperge sur une longueur d'environ 20 centimètres ; alors on la saisit tout à fait dans le bas avec la main, on la tire fort en tordant très-légèrement, et elle se détache de la griffe ou rhizome à plusieurs centimètres au-dessous de l'endroit que l'on tient : de sorte qu'une belle asperge, qui vient d'être cueillie, doit avoir environ 24 centimètres de longueur.

On appelle des asperges ainsi forcées *asperges blanches* parce qu'elles ont, en effet, beaucoup plus de blanc que celles qui viennent au printemps, à l'air libre. On peut cueillir l'asperge blanche tous les deux jours et pendant deux mois; après ce temps, on cesse la cueillette pour ne pas épuiser et affaiblir le plant. Si donc on voulait avoir de l'asperge blanche tout l'hiver, il faudrait diviser un carré d'asperges en trois lots et les réchauffer successivement à cinq ou six semaines de distance. Il ne faut pas oublier qu'un plant d'asperge qui a été forcé l'hiver ne doit pas être cueilli derechef au printemps, sous peine de le voir épuisé très-promptement.

Nous venons de dire qu'on peut cueillir l'asperge blanche pendant deux mois; mais c'est à condition qu'on entretiendra la chaleur dans les réchauds ou le fumier qui entoure les planches d'asperges. La pratique apprend à juger quand ce fumier a perdu sa chaleur; on s'en aperçoit quand les asperges ne croissent plus avec la rapidité voulue, qu'elles ne sont plus aussi fraîches, qu'elles ont quelques taches de rouille : alors il faut se hâter de remanier le fumier des sentiers, en y mélangeant moitié de fumier neuf ou même davantage, et il peut être nécessaire de renouveler cette opération deux ou trois fois pendant les deux mois que dure la cueillette.

La cueillette finie, on enlève les coffres et les châssis de dessus les planches d'asperges; on enlève également le fumier des sentiers, et on y remet la terre qu'on en avait tirée, dont partie avait été déposée sur les planches pour augmenter la longueur des asperges, et partie déposée au bout des sentiers. En faisant descendre dans les sentiers la terre qui avait été déposée sur les planches, on trouve des asperges plus ou moins avancées et qui ne se montraient pas encore au-dessus de la terre : ces asperges ne sont pas propres à la vente ; mais la jardinière les met à profit dans sa cuisine. Les asperges se vendent à la botte, et une botte a de tour environ 40 centimètres.

Pour avoir de belles asperges et ne pas trop fatiguer les griffes, on ne doit les chauffer qu'une fois en deux ans ; cependant il y a des maraîchers qui les chauffent deux ans de suite et les laissent reposer seulement la troisième année.

Manière de forcer l'asperge verte ou *aux petits pois*. — Ce ne sont pas les maraîchers de Paris qui sèment et élèvent cette asperge ; ce sont les cultivateurs des environs de la capitale qui l'élèvent en plein champ, aux Vertus, à Saint-Denis, à Saint-Ouen et ailleurs, en immense quantité ; après un an de semis, ils la plantent et la cultivent pendant trois ans sans la cueillir ; ensuite ils la cueillent chaque année, selon l'usage, et c'est quand ces asperges sont dans leurs premières années, ou qu'elles ont d'un à six ans de plantation, ou qu'elles sont dans leur plus grand rapport, que les maraîchers qui forcent l'asperge vont l'acheter. L'asperge qui n'a qu'un an ou deux de plantation se vend de 8 à 900 fr. le demi-hectare, tandis que celle qui a cinq ou six ans de plantation ne se vend que de 3 à 4 et 500 fr. le demi-hectare ; et, comme le maraîcher est fort intéressé à ce que l'asperge soit bien levée, c'est ordinairement lui et ses hommes qui vont l'arracher.

On peut forcer l'asperge verte depuis le mois d'octobre jusqu'à ce que les asperges de pleine terre donnent. Voici la manière de la forcer :

On fait des couches larges de 1 mètre 60 centimètres (5 pieds), épaisses de 54 à 64 centimètres (20 à 24 pouces), appuyées l'une contre l'autre, avec deux tiers de bon fumier d'auberge bien imbibé d'urine, et un tiers de fumier ordinaire, bien mêlés ensemble, et on place dessus les coffres hauts de 40 à 50 centimètres par derrière, et de 32 à 35 centimètres par devant. Quand le coup de feu est passé, on prend des griffes d'asperges, on les place debout sur leurs racines, sur le fumier de la couche, en pressant les griffes et leurs racines les unes contre les autres, de manière que toutes les griffes soient à la même hauteur et qu'il en tienne de 450 à 500 sous chaque panneau. Quelques maraîchers font glisser un peu de terreau entre chaque griffe ; d'autres n'y placent rien ; enfin, à mesure que l'on exécute cette sorte de plantation, on place les châssis dessus, et on couvre avec des paillassons en raison du froid. L'humidité chaude du fumier ne tarde pas à s'élever dans les racines et entre les griffes de l'asperge, à former une atmosphère chaude sous les châssis, à pénétrer toutes les griffes et à les mettre en végétation ; alors les boutons des griffes, qui ne devaient s'allonger qu'en avril ou mai, stimulés par la chaleur de l'humidité, s'allongent successivement et rapidement; mais leurs jets sont beaucoup plus minces que si les griffes n'eussent pas été arrachées de terre.

Quoique les coffres à forcer l'asperge verte soient plus hauts que les autres, quand l'asperge commence à pousser, il faut mettre des bouchons de paille sous les coffres, pour que le verre des châssis se trouve à 33 centimètres du sommet des griffes, car beaucoup d'asperges ont une longueur de 28 à 32 centimètres lorsqu'on les cueille; mais, en même temps qu'on élève les coffres, il faut remplir les sentiers de fumier jusqu'au haut des coffres, tant pour empêcher l'air extérieur de pénétrer jusqu'aux asperges que pour y entretenir la chaleur; si même, pendant la cueillette, on s'apercevait que la couche ne fournît plus assez de chaleur, on devrait remanier et mélanger du fumier neuf avec l'ancien dans les sentiers, une ou deux fois.

Quinze jours après que les griffes sont placées sur couches et sous panneaux, on commence à cueillir des asperges, si la chaleur a été bien entretenue, et elles peuvent en produire pendant six semaines, qui est à peu près le temps nécessaire pour que tous les yeux des griffes soient épuisés, et pendant ce temps on peut cueillir des asperges vertes tous les deux ou trois jours; mais les dernières cueillettes sont moins abondantes et les asperges sont moins grosses que les premières. Une griffe peut produire, terme moyen, dix asperges vertes, et, comme un panneau peut contenir de

quatre cent cinquante à cinq cents griffes, il en ré-
sulte qu'on peut cueillir aussi quatre mille cinq
cents à cinq mille asperges vertes sous un panneau
de châssis.

Cette asperge se vend par bottes de 32 centi-
mètres de tour, sous les noms d'asperge verte ou
d'asperge aux petits pois, parce qu'on la mange le
plus souvent cassée en petits morceaux qui imitent
assez des pois verts : les griffes qui l'ont produite
sont rejetées par les maraîchers de Paris, parce
qu'ils n'ont ni le temps ni le besoin de les faire
consommer en terreau.

La culture de l'asperge verte, aussi bien que celle
de l'asperge blanche, est très-dispendieuse; aussi
n'y a-t-il qu'un très-petit nombre de maraîchers de
Paris qui la cultivent, encore y a-t-il des années où
ils en retirent à peine leurs frais.

AUBERGINE OU MÉLONGÈNE.

Plante de la famille des Solanées et du genre
Solanum, originaire des pays chauds. Elle est an-
nuelle, s'élève sur une tige haute d'environ 45 cen-
timètres, rameuse, garnie de grandes feuilles
ovales, tomenteuses. Ses fleurs sont bleuâtres, et
leur calice est aiguillonné ; à ces fleurs succèdent
des fruits gros, pendants, charnus, oblongs, violets
ou jaunâtres, qui sont la seule partie comestible de
la plante.

CULTURE. — Dès les premiers jours de mars, ou même dès la fin de février, on monte une couche mère à un panneau, on place dessus un petit coffre dans lequel on répand 8 centimètres de terreau, que l'on couvre d'un châssis sur lequel on déroule un ou deux paillassons pour accélérer la fermentation. Quand le coup de feu est passé, on sème la graine d'aubergine sur le terreau, et on l'en recouvre de 1 centimètre. La graine d'aubergine, ainsi semée, lève en quatre jours. En attendant que le plant se fortifie, on prépare une couche pépinière à deux ou trois panneaux, et, huit ou dix jours après, on y repique le plant, de manière qu'il en tienne cent cinquante sous chaque panneau. On ombre si le soleil luit avant que le plant ne soit repris, on le couvre, la nuit, avec des paillassons, et on fait un accot autour de la couche pour y maintenir la chaleur.

L'aubergine grandissant assez lentement, le plant d'un seul semis suffit pour en faire deux plantations, à un certain temps l'une de l'autre : ainsi, si l'on a des couches vides au commencement d'avril, on en laboure le terreau et on y plante des aubergines à quatre pieds par panneau, si la couche est à châssis ; ou bien, si la couche est à cloche, on y plante deux rangs et les pieds à 66 centimètres dans les rangs. Dans les deux cas, on arrose le plant de suite pour l'arracher à la terre : dans le premier cas, il faut placer de suite les châssis et ombrer pendant la reprise; dans le second cas, il faut placer une cloche sur chaque plant et l'ombrer pour la même raison, et préserver du froid par les moyens connus.

L'aubergine demande des arrosements fréquents pendant sa croissance. Après le 15 mai, les gelées n'étant plus à craindre, on enlève les châssis et les cloches, et, si la plante n'a pas manqué de mouillures nécessaires, elle pourra donner des fruits bons à être livrés à la consommation à la fin de juin et dans le courant de juillet. L'aubergine, cultivée ainsi sur couche, donne de plus beaux fruits que celle cultivée en pleine terre, à condition, pourtant, que la mouillure ne lui manquera pas.

La seconde manière de cultiver l'aubergine est d'attendre jusqu'au 15 ou 20 avril pour planter le plant en pleine terre, dans une côtière ou dans un endroit abrité, de couvrir chaque plant d'une cloche, qu'on soulèvera à propos avec une crémaillère pour donner de l'air, et qu'on n'ôtera définitivement qu'à la fin de mai : alors on forme un petit bassin autour du pied de chaque plante, on y répand un paillis et on mouille souvent et abondamment.

La culture de l'aubergine est fort restreinte à Paris, et peu de maraîchers s'en occupent, parce que le débit en est petit et peu sûr.

TOMATE OU POMME D'AMOUR.

Plante de la famille des Solanées et du genre

Solanum, originaire de l'Amérique méridionale. Elle est annuelle, rameuse, diffuse, s'élève à la hauteur de plus de 1 mètre au moyen d'un soutien, est munie de feuilles ailées, incisées, et a des fleurs petites, d'un blanc sale disposées en grappes simples, auxquelles succèdent des fruits rouges, arrondis, toruleux, succulents, qui sont la seule partie comestible de cette plante. Il y a plusieurs variétés de tomate, mais nous ne cultivons que celle à fruit rouge et toruleux.

CULTURE. — La graine de tomate se sème à la fin de mars ; on a rarement besoin de faire une couche mère pour cela, car à cette époque on ne manque pas de couches veuves ou remaniées qui ont assez de chaleur, et on trouve toujours sur quelqu'une la place suffisante pour semer deux ou trois clochées de graine, quantité plus que suffisante pour le plus fort maraîcher. Quand la graine est levée et que les plantes sont hautes de 5 à 6 centimètres, on les repique sur une couche tiède sous cloche ou sous châssis ; on peut en mettre douze pieds sous une cloche et deux cents sous un panneau de châssis ; on arrose et on ombre de suite ; deux ou trois jours après, on rend la lumière, on donne de l'air et on augmente successivement jusqu'au premier mai : si alors le temps est doux, on peut enlever les cloches et les châssis, mais ne pas les éloigner, afin qu'on puisse les remplacer à la moindre apparence de gelée, car la tomate y est très-sensible. Après le 15 mai, on n'a plus ordinairement de gelée à craindre ; alors il est temps de la planter à demeure et à l'air libre.

Les maraîchers qui ont semé la graine de tomate au commencement de mars la plantent sur vieille couche, sur deux rangs et à 2 pieds de distance dans les rangs. Ceux des maraîchers qui ont semé à la fin de mars plantent en plein carré ou en côtière, en plaçant les pieds à au moins 66 centimètres (2 pieds) l'un de l'autre ; si on plante en plein carré, on peut planter quatre rangs dans une planche de 3 mètres 33 centimètres de large, et mettre les pieds en échiquier dans les rangs à 1 mètre l'un de l'autre. Quant à la plantation en elle-même, elle ne réclame rien de particulier ; on mouille le pied aussitôt qu'il est en terre, et il se défend lui-même du soleil.

Les tiges de la tomate sont faibles, ne s'élèvent pas naturellement d'elles-mêmes, et elles se ramifient à la base ; alors, quand elles sont longues de 40 centimètres (15 pouces), on choisit deux ou trois des plus vigoureuses branches, et on supprime toutes les petites pousses qui sont au-dessus d'elles et sur leur longueur ; puis on fiche un bon tuteur de 1 mètre de haut à chaque pied, et on y attache avec un brin de paille les tiges préparées de tomate. Ces tiges continuent de pousser, et on leur donne un second, un troisième lien jusqu'à ce qu'elles soient hautes comme le tuteur ou d'environ 1 mètre ; alors on les arrête en leur coupant la tête. Les rameaux latéraux se fortifient, grandissent ; mais on les arrête aussi à une certaine longueur, et les fleurs se montrent. Tant que la tomate n'a pas de fruits, on ne l'arrose que modérément, afin qu'elle ne pousse pas trop à bois et qu'elle soit mieux disposée pour la fleur ; mais, quand les fruits sont noués, on doit l'arroser abondamment pour les faire grossir, et on continue de supprimer tout ce qui s'élève au-dessus des tuteurs.

Les tomates plantées sur couche donnent des fruits mûrs dans la première quinzaine de juin ; mais celles plantées en pleine terre ne commencent à en donner qu'à la fin de juin, et continuent d'en donner en juillet, en août et même jusqu'aux gelées, si l'on veut. On cueille les tomates lorsqu'elles sont bien rouges; les premières se vendent à la douzaine et les autres au calais.

Observations.—Nous venons de dire comment les maraîchers cultivent les tomates; mais nous n'ignorons pas que quelques personnes les attachent contre un treillage, les palissent contre un mur, contre un brise-vent, et qu'il y en a d'autres qui les laissent venir à volonté : cela vient de ce que la tomate est une plante très-fertile et que, de quelque manière qu'on la cultive, on en obtient toujours beaucoup de fruit.

Il ne paraîtra pas déplacé que nous notions ici que la tomate se greffe parfaitement en herbe sur les tiges de la pomme de terre, ce qui produit une double récolte dans le même espace de temps et de terrain ; car, quand les fruits de la tomate sont récoltés, on fait dans la terre une autre récolte de pomme de terre.

PERCE-PIERRE.

Plante de la famille des Ombellifères, de la section des Sésélinées et du genre dont elle porte le nom. C'est une plante indigène, vivace, à tige herbacée, rameuse, haute d'environ 30 centimètres, charnue ainsi que ses feuilles, qui sont deux fois ailées, à folioles linéaires : les fleurs sont petites, blanchâtres, terminales, et il leur succède de petits fruits ovoïdes et striés ; les feuilles et les jeunes tiges sont employées dans la fourniture de salade et avec les cornichons confits au vinaigre.

PERCE-PIERRE MARITIME.

La culture de cette plante est très-bornée, et on ne la trouve que chez très-peu de maraîchers. On peut la semer en mars au pied d'un mur, au levant ou au couchant ; ses racines entreront dans le mur, et pousseront des tiges, des feuilles et des fleurs tous les ans. On peut aussi la semer en bordure comme l'estragon, et elle vivra également longtemps ; on en cueille les feuilles et les jeunes tiges de la même manière.

PIMENT.

Plante de la famille des Solanées et du genre dont elle porte le nom. Elle est originaire des Indes, et fut introduite en Europe il y a environ deux cents ans. Il y a plusieurs espèces et variétés de piment ; mais les maraîchers, et en très-petit nombre, ne cultivent que le piment à gros fruit ou corail, qui est une plante annuelle, rameuse, haute de 40 à 50 centimètres, munie de feuilles oblongues, nombreuses, de fleurs petites et d'un blanc verdâtre, auxquelles succèdent des fruits longs d'environ 8 centimètres, d'un très-beau rouge, employés comme condiment en cuisine.

PIMENT CORAIL.

Dans le courant de mars, on sème une pincée assez claire de cette graine, sur un bout de couche tiède, et, quand le plant est haut de 8 à 18 centimètres, on le plante en motte sur le bord d'une autre couche à 40 ou 50 centimètres de distance : on pourrait le planter en pleine terre, mais il ne viendrait ni aussi vite ni aussi bien que dans le terreau d'une couche ; il demande beaucoup d'eau, et ses fruits rougissent et mûrissent successivement depuis le mois d'août jusqu'aux gelées.

BONNE-DAME.

Plante de la famille des Chénopodées et du genre Arroche. C'est une plante annuelle, originaire de l'Asie, haute de 1 à 2 mètres, peu rameuse, à fleurs insignifiantes, auxquelles succèdent de petits fruits enfermés dans le calice. Les parties comestibles de cette plante sont ses feuilles jeunes, triangulaires, assez grandes.

BONNE-DAME OU BELLE-DAME DES JARDINS.

Cette plante a fort peu d'importance en culture maraîchère. Fin de mars ou dans les premiers jours d'avril, on jette quelques graines dans les planches des autres semis et plantations, et elle vient sans qu'on s'en occupe : quand elle est haute de 12 à 15 centimètres, on l'arrache, on lui coupe le bas de la tige, on la met par bottes et on l'envoie à la halle ; ou bien, on laisse grandir la plante, on en cueille les feuilles une à une et on les vend en mannette.

Il y a une variété à tige et feuilles rouges tout aussi bonne et qui ne demande pas plus de soin ; quand l'une et l'autre sont introduites dans un jardin et qu'on les y laisse grener, elles s'y reproduisent d'elles-mêmes plusieurs années de suite.

AVRIL.

PIMPRENELLE.

Plante de la famille des Rosacées, tribu des Sanguisorbes et du genre *Poterium*. C'est une petite plante vivace, indigène, à feuilles composées, radicales, et dont la tige ne s'élève qu'à 5 décimètres ; divisée au sommet, chaque division terminée par une boule de fleurs monoïques, auxquelles succèdent de petites graines tétragones. Les parties comestibles de cette plante sont ses feuilles, dont on fait usage dans les garnitures des salades.

CULTURE. — Cette plante est cultivée en très-petite quantité par les maraîchers de Paris, parce que sa consommation est fort minime : on la sème en planche ou en bordure dans le courant d'avril ; quand elle est recouverte de quelques millimètres de terre, on met, par-dessus, un léger paillis et on arrose au besoin. Quand les feuilles sont hautes de 12 à 15 centimètres, on les coupe près de terre et on les vend par petites bottes. Aussitôt que les feuilles sont coupées, on donne une bonne mouillure aux plantes pour les déterminer à en repousser d'autres promptement, et on les arrose de temps en temps, si la saison est sèche.

La pimprenelle n'est pas difficile sur le terrain ; mais, pour que ses feuilles conservent un vert frais, appétissant, il faut la semer à l'ombre ou demi-ombre.

ESTRAGON.

Plante de la famille des Composées, de la section des Artémidées et du genre Artémise. C'est une plante vivace, originaire de la Tartarie, à racines traçantes, à feuilles linéaires lancéolées, et dont les

tiges s'élèvent à la hauteur d'environ 40 centi-
mètres; les fleurs sont très-petites et insignifiantes.
Les jeunes tiges et les feuilles tendres sont les seules
parties comestibles; on les emploie dans les garni-
tures des salades.

CULTURE. — On sème l'estragon à la volée dans
un bout de planche en avril, et, quand ses jeunes
tiges sont hautes de 16 à 20 centimètres et bien
garnies de feuilles, on les coupe près de terre, on
les réunit par petites bottes et on les porte à la halle.
Après cette première coupe, on arrache les pieds
et on les replante en planches; on en peut mettre
dix rangs dans une planche large de 2 mètres
33 centimètres, et les pieds à 27 centimètres l'un
de l'autre dans les rangs. Ailleurs, l'estragon se
plante le plus souvent en bordure; mais les maraî-
chers de Paris ne peuvent rien planter en bordure.
Il vaut mieux planter l'estragon à mi-ombre qu'au
grand soleil : pendant l'été on peut le cueillir tous
les quinze jours, et il peut rester trois ans en place;
mais, comme il trace beaucoup, qu'il tend tou-
jours à sortir des rangs, on l'arrache au bout de
trois ans pour le replanter ailleurs. Cette plante ne
tient qu'un très-petit rang dans la culture maraî-
chère.

CRESSON ALÉNOIS.

Plante de la famille des Crucifères, de la section
des Lépidinées et du genre Thlaspi. La plante est
annuelle, d'une patrie inconnue, à petites feuilles

très-découpées, à tige haute de 2 à 3 centimètres, portant des grappes de petites siliques orbiculaires échancrées au sommet. Les parties comestibles de cette petite plante sont les feuilles inférieures, qui entrent dans la composition des salades.

CULTURE. — Nous distinguons et nous cultivons dans nos marais, en très-petite quantité cependant, le cresson alénois simple et le double, c'est-à-dire celui qui n'a pas les feuilles frisées et celui qui les a frisées. On sème la graine en pleine terre les derniers jours d'avril ou les premiers jours de mai, en rayon plutôt qu'à la volée, afin d'en rendre la cueillette plus facile, et on la couvre d'une légère couche de terreau; cette graine lève très-promptement, et, comme la plante croît excessivement vite, la gelée pouvant l'atteindre, on prend quelques précautions pour l'en garantir dans cette première saison. Quand les feuilles ont 8 ou 10 centimètres de haut, on les coupe pour la vente : la plante en repousse d'autres qu'on peut cueillir une seconde fois; mais c'est tout. La plante monte en graine; alors on la laisse grener, si on en a besoin; autrement, on la détruit. Cette petite plante croissant vite et durant peu, il faut en semer tous les dix ou douze jours pendant l'été.

Avant que le cresson de fontaine parût sur les marchés de Paris, pendant douze mois de l'année nous semions du cresson alénois sur couche dès le commencement de mars, comme primeur; mais, à présent, il n'y aurait aucun profit à le faire.

OSEILLE.

Plante de la famille des Polygonées et du genre dont elle porte le nom. Il y a beaucoup d'espèces de ce genre, toutes vivaces et plus ou moins acides ; celles cultivées ont les feuilles radicales oblongues et ovales, plus ou moins sagittées à la base, les tiges succulentes, striées, hautes de 70 centimètres environ, paniculées, munies de petites fleurs verdâtres, monoïques, dioïques, auxquelles succèdent des graines triangulaires, luisantes. Les feuilles et les très-jeunes tiges sont les seules parties comestibles dans l'oseille.

OSEILLE COMMUNE.

CULTURE. — On sème la graine d'oseille depuis le commencement d'avril jusqu'au mois d'août, par planches larges de 2 mètres 33 centimètres ; on laboure et dresse ses planches comme à l'ordinaire, et on trace dans chacune d'elles dix rayons à fond plat avec les pieds, et on répand la graine dans toute la largeur du rayon, en prenant garde de la semer trop dru ; ensuite on repasse en glissant les pieds entre chaque rayon de manière à faire tomber la terre de chaque côté dans les rayons semés, et que la graine se trouve couverte ; cette opération faite, on donne un coup de râteau pour niveler la superficie, et on couvre le tout d'un lit de terreau épais de 12 millimètres. Nous plantons toujours six ou sept rangs de romaine grise ou blonde entre les rangs d'oseille, et celle-ci profite des arrosements qu'on est obligé de donner à la romaine, qui est venue et vendue avant de nuire à l'oseille.

La première cueille de l'oseille se fait avec un couteau à 2 centimètres au-dessus du sol; mais la seconde cueille et les suivantes se font à la main en enlevant les feuilles, l'une après l'autre, avec leur pétiole tout près de la souche, en ménageant les petites feuilles du cœur qui, une quinzaine de jours après, pourront être cueillies à leur tour.

Quoique l'oseille ait une racine pivotante qui la fait résister assez bien à la sécheresse, il est bon de lui donner de fortes mouillures pendant l'été, surtout après la cueille, qui peut se faire tous les quinze jours, jusque dans l'automne. En vieillissant, l'oseille talle et peut vivre très-longtemps; mais nous ne la conservons ordinairement en place qu'une année.

OSEILLE VIERGE.

Culture. — Cette oseille est dioïque, c'est-à-dire qu'elle porte des fleurs mâles sur certains pieds et des fleurs femelles sur d'autres. Depuis longtemps, on ne cultive dans les jardins que des individus mâles, qui, par conséquent, ne produisent pas de graine, d'où est venu le nom d'*oseille vierge*. Ses

féuilles sont plus larges, plus arrondies, d'un vert
plus blond, plus appétissant, et moins acides que
celles de l'oseille commune. Elle est très-propre à
former les bordures dans les potagers, parce qu'elle
ne répand pas de graines qui salissent les allées ;
mais, dans nos marais, nous ne plantons rien en
bordure, c'est tout en planche : ainsi, quand on a
un vieux plant d'oseille vierge, on l'arrache, on di-
vise les souches des racines, on choisit les parties les
plus jeunes, les mieux garnies d'yeux, et on les re-
plante en planche, à 16 centimètres de distance les
unes des autres. Cette plantation se fait avec plus de
succès en octobre qu'au printemps, et nous ne la
renouvelons que tous les quatre ou cinq ans.

OSEILLE.

Culture forcée. — Dès le mois de novembre,
dans la supposition que la terre gèlera bientôt et
qu'on ne pourrait plus le faire plus tard, on arrache
une provision de vieilles souches d'oseille, en mé-
nageant bien les racines, et on la met en jauge
dans un endroit où il soit facile de l'abriter avec de
la litière, si la gelée venait à prendre ; on fait de
suite ou plus tard, en raison du besoin ou de la
spéculation, une bonne couche sur laquelle on
place des coffres, et on met dans ces coffres une
épaisseur au moins de 15 centimètres de terreau.
Quand la couche a jeté son grand feu, on prend des

touffes d'oseille mises en jauge, on les divise si elles sont trop grosses, et on les plante en rigole ou autrement dans le terreau de la couche de manière que toutes les têtes soient à la même hauteur et recouvertes de quelques millimètres de terreau; ensuite on met les châssis. Bientôt les feuilles poussent, et on peut en faire trois cueillettes à quelque distance l'une de l'autre, après lesquelles les plantes sont épuisées.

On peut, pendant tout le cours de l'hiver, réchauffer et faire pousser ainsi non-seulement de l'oseille, mais encore de vieux pieds de persil, de cerfeuil et quelques autres plantes que la rigueur de la saison tient engourdies.

POTIRON.

Plante de la famille des Cucurbitacées et du genre Courge. Il y a plusieurs espèces ou variétés de potiron ; ce sont toutes plantes annuelles, rampantes, à grandes feuilles à vrilles ; les fleurs sont monoïques, grandes, et il leur succède de très-gros fruits charnus, souvent arrondis, ovales, allongés, cannelés, jaunes, verts ou gris, et qui sont la partie comestible de ces plantes.

GROS POTIRON OU CITROUILLE.

Culture. — Dans la première huitaine d'avril, on sème la graine de ce potiron sur un bout de couche tiède : elle ne tarde pas à lever, et, huit jours après, on la repique sur une autre couche en pépinière ; si on a des cloches ou des châssis disponibles, on fera bien d'en couvrir le jeune plant, pour faciliter sa reprise ; mais cela n'est pas indispensable, il suffit de le garantir de la gelée pendant la nuit. Dans la première huitaine de mai, il est bon à mettre en place ; alors on fait, dans le carré qui lui est destiné, des trous larges de 1 mètre carré, profonds de 55 centimètres, dans chacun desquels on met trois hottées de fumier bien tassé que l'on recouvre avec la terre tirée du trou. Il n'y a pas de règle établie pour la distance d'un trou à l'autre ; mais il faut prévoir que la tige d'un potiron s'étendra sur la terre jusqu'à la distance de 4 à 5 mètres dans la direction qu'on lui fera prendre, et cela est suffisant pour placer les trous convenablement : ceci bien compris, on forme une espèce de bassin au milieu de chaque trou, on va à la couche pépinière lever, avec les deux mains, un pied de potiron garni d'une bonne motte, et on vient le planter au milieu du bassin en l'enfonçant jusqu'auprès des cotylédons ; on l'arrose de suite, et, si le soleil luit ou s'il fait du vent, on le garantit de l'un et de l'autre avec un peu de litière sèche, pendant trois ou quatre jours, pour aider à la reprise.

On ne coupe pas la tête au potiron, comme on le fait aux melons et aux concombres ; on le laisse courir sur terre dans la direction qu'on lui a destinée ; mais il faut l'arroser souvent et abondamment.

A mesure que la tige s'allonge, elle pousse des ramifications ou petites branches sur les côtés : notre usage est de les supprimer pour que toute la séve passe dans la maîtresse tige; nous sommes aussi dans l'usage, quand cette maîtresse tige est longue de 2 ou 3 mètres, de la marcotter, afin de multiplier les racines. Ce marcottage consiste à ouvrir une petite fosse oblongue, profonde de 16 centimètres, dans laquelle on fait descendre la partie de la tige où l'on veut que les racines se développent; on l'y maintient par un petit crochet en bois s'il est nécessaire, on replace la terre sur la portion de tige qui est dans la fossette et on arrose. On pratique un second marcottage 65 centimètres plus loin, même un troisième, à mesure que la tige s'allonge. Quand un fruit est noué et qu'il continue de grossir, on juge qu'il tiendra, et, quand il a atteint la grosseur d'une tête d'enfant, on coupe la tête de la branche à deux ou trois feuilles au-dessus du fruit, et, si les arrosements ne manquent pas, on voit le fruit grossir rapidement.

C'est en cultivant de cette manière et ne laissant venir qu'un fruit sur chaque plante, que nous obtenons des potirons du poids de 100 kilogrammes et plus.

Nous devons dire cependant que tous les jardiniers ne procèdent pas de cette manière : il y en a qui laissent venir deux fruits sur le même pied, en lui conservant deux branches; d'autres ne pratiquent pas le marcottage; d'autres enfin ne suppriment aucune branche, et ils obtiennent davantage de fruits, mais moins gros. Les potirons se conservent jusqu'en janvier et février, dans un endroit sec à l'abri de la gelée.

Le gros potiron dont nous venons de parler a la chair pâle ; il ne brode pas ordinairement. Nous cultivons aussi

1° Le *potiron à chair rouge* : il devient moins gros, brode beaucoup, et est meilleur ;

2° Le *potiron vert* ou d'Espagne, qui est moins gros, très-aplati et d'une excellente qualité : nous le cultivons peu, parce que la plupart des consommateurs n'en connaissent pas les excellentes qualités ;

3° Le *potiron bonnet turc* ou *turban*, beaucoup plus petit, remarquable par sa forme de turban : il est très-ferme et très-estimé ; on en laisse trois ou quatre sur le même pied ;

4° Et enfin le petit *potiron artichaut de Jérusalem* : la plante ne court pas comme les précédentes, et son fruit, encore plus petit que le turban, est diversement godronné et très-estimé ; on en laisse jusqu'à six ou huit sur la même plante.

Nous cultivons peu, dans nos marais, les n°ˢ 2, 3 et 4, non que nous ne les trouvions très-bons, mais parce que leur consommation n'est pas assez abondante : au reste, la culture que nous avons indiquée pour le gros potiron leur convient amplement ; on peut même la simplifier.

SCORSONÈRE.

Plante de la famille des Composées, de l'ordre et du genre dont elle porte le nom. Elle est bis ou trisannuelle, originaire d'Espagne. Sa racine est simple, noire en dehors, blanche en dedans, pivotante et fort longue; les feuilles sont lancéolées, aiguës; la tige devient haute de 1 mètre, rameuse dans le haut, et chaque ramification se termine par une fleur jaune, composée, à laquelle succèdent de longues graines aigrettées. La partie comestible de cette plante est la racine; les feuilles peuvent aussi être mangées.

SCORSONÈRE D'ESPAGNE.

Culture. — La graine de cette plante se sème, à la fin d'avril ou dans les premiers jours de mai, en culture maraîchère; mais, ailleurs, on peut retarder le semis jusqu'en août, par la raison que nous expliquerons tout à l'heure. Quand on est disposé à semer, on laboure profondément une ou plusieurs planches; après qu'elles sont dressées, on les sème à la volée et on enterre la graine en râtelant avec une fourche; ensuite on la plombe avec les pieds, on y passe le râteau et on y étend 12 ou 15 millimètres de terreau. Quand les planches sont ainsi semées, on y trace, avec les pieds, neuf ou dix rayons, que l'on plante en romaines à la distance de 40 centimètres dans les rangs. L'arrosage que l'on donne aux romaines contribue à accélérer la germination et le développement de la scorsonère. Après que la romaine est enlevée, on ésherbe la scorsonère, et elle croît assez rapidement, à la faveur de ses longues racines, qui sont bonnes à arracher et à vendre, par bottes, dans le courant de l'hiver.

Dans la seconde manière de semer à la volée ou en rayons, la scorsonère occupe la terre dix-huit ou vingt mois ; et cette raison explique pourquoi les maraîchers de Paris ne peuvent plus cultiver une plante qui occupe la terre si longtemps. Semée au mois d'août, la scorsonère monte en graine l'été suivant : lorsque la graine est recueillie, on coupe les tiges ; la plante pousse de nouvelles feuilles, la racine grossit, redevient charnue, succulente, et se livre à la consommation l'hiver suivant. Or, comme on obtient, dans les campagnes des environs, cette scorsonère à moins de frais que nous ne pourrions l'obtenir dans nos marais, et comme elle se vend en même temps que celle que nous aurions pu semer au printemps, la concurrence a forcé presque tous les maraîchers de l'intérieur de Paris à renoncer à la culture de la scorsonère.

Observation. Cette plante, ainsi que le salsifis, que nous ne cultivons pas, nous suggère une question dont nous laissons la solution aux savants : tant que les racines de ces plantes sont jeunes et jusqu'à ce qu'elles montent en graine, elles sont tendres, charnues et se cassent très-facilement ; à mesure qu'elles montent en graine, elles deviennent dures, coriaces, filandreuses et ne se cassent plus. Quand la graine est récoltée, que les tiges sont coupées, les racines poussent de nouvelles feuilles, et ces mêmes racines redeviennent tendres, charnues, cassantes, succulentes comme avant de monter en graine. Or nous demandons aux savants ce que sont devenues ces grosses fibres qui s'étendaient dans toute la racine, qui la rendaient coriace, incassable au temps de la fleuraison et de la fructification.

PANAIS.

Plante de la famille des Ombellifères, de l'ordre des Peucédanées et du genre dont elle porte le nom. C'est une plante indigène, dont la racine est simple, pivotante, fusiforme, la tige haute de 1 mètre, les feuilles longues, ailées, à folioles larges, lobées ou incisées ; les fleurs sont jaunes, petites, disposées en ombelles, auxquelles succèdent des fruits elliptiques, comprimés. La partie comestible de cette plante est la racine.

Les maraîchers de Paris font fort peu de panais parce que son usage est très-circonscrit dans la cuisine parisienne ; on ne s'en sert que pour donner du goût au potage.

Culture. — On sème le panais à la fin d'avril, comme beaucoup d'autres plantes, quand il n'y a plus de forte gelée à craindre ; mais on peut en semer plus tôt en côtière, en y plantant de la romaine dès la fin de février. Quand on le sème en plein carré en avril, et en planches préalablement labourées et dressées, il faut le semer assez clair, parce que ses racines deviennent grosses et ses feuilles grandes. Après que la graine est enterrée à la fourche et plombée avec les pieds, on peut semer, par-dessus, des radis ou des épinards, plantes qui n'occupent pas longtemps le terrain, ou y planter de la romaine, à huit ou neuf rangs par planche.

Dès que le panais est gros et grand comme une rave, on peut commencer à en porter à la halle et continuer jusqu'en mars, époque où toutes les racines commencent à monter à graine et durcir.

———

MAI.

POURPIER.

Plante indigène, de la famille et du genre dont elle porte le nom. Il y a plusieurs variétés de pourpier, toutes comestibles; mais on ne cultive que celle appelée pourpier doré, qui est une plante annuelle, basse, rameuse, étalée sur terre, tendre, charnue, à feuilles figurées en coin. Les fleurs sont insignifiantes, et il leur succède de petits fruits qui s'ouvrent en boîte à savonnette et répandent des graines noires. Les parties comestibles du pourpier sont les feuilles et les jeunes pousses.

POURPIER DORÉ.

CULTURE. — Cette culture est peu étendue et très-peu lucrative, parce que le pourpier ne sert guère qu'à garnir les salades. Quand il a été une fois introduit dans un terrain, il s'y perpétue seul de semis, et on fait observer qu'il est plus beau lorsqu'il se sème lui-même que lorsqu'il est semé par la main du jardinier ; néanmoins on en sème un peu dans quelques marais depuis les premiers jours de mai jusqu'aux premiers jours d'août. Après avoir labouré un bout de planche, on y sème la graine plus ou moins dru, on l'enterre avec une fourche, on plombe avec les pieds, on passe le râteau et on couvre de quelques millimètres de terreau ; si la saison est sèche, on arrose de suite pour favoriser la germination et on entretient le jeune plant à la mouillure, afin de hâter sa croissance. Ce n'est pas que le pourpier craigne la chaleur et la sécheresse ; mais les arrosements l'entretiennent tendre, et c'est une qualité. Si on l'a semé dru, toutes les branches du pourpier sont forcées de s'élever droit, et, quand elles sont hautes de 16 à 18 centimètres, on les coupe à 2 centimètres au-dessus de terre et on les vend à la botte. De cette manière, le plant ne repousse plus ou ne repousse que si peu, qu'il ne vaut pas la peine d'être conservé ; mais, si on a semé clair, les branches s'éta-

lent, deviennent plus fortes : alors on les cueille
l'une après l'autre à la main, et on peut faire deux
cueilles successives.

POIRÉE.

Plante de la famille des Chénopodées et du genre
Betterave. C'est une plante bisannuelle, indigène,
dont la racine est pivotante, les feuilles radicales,
larges, ovales, pétiolées, la tige grosse, cannelée,
rameuse, haute de 1 mètre et plus; fleurs nom-
breuses, agglomérées, très-petites, insignifiantes,
auxquelles succèdent de petites graines réniformes.
Il y a deux variétés de poirée cultivées, et leurs par-
ties comestibles sont les feuilles radicales, sous les
noms de *poirée* ou de *carde*.

CULTURE. — Dans les premiers jours de mai, au
plus tard, on laboure une ou plusieurs planches de
la largeur ordinaire; on trace sur chaque planche
avec les pieds neuf larges rayons, dont le fond
soit plat; on sème la graine de poirée dans toute la
longueur du rayon, mais assez clair pour que le plant
ne se trouve pas trop serré; ensuite on repasse les
pieds, en glissant entre chaque rayon, pour faire
tomber la terre sur la graine, on passe le râteau;
enfin on répand sur la planche 1 centimètre de ter-
reau ou un paillis très-fin. Si la saison est sèche,
on mouille aussi souvent qu'il est nécessaire. Quand
la poirée a de 20 à 24 centimètres de hauteur, on

la coupe, cette première fois, avec un couteau, à 2 ou 3 centimètres de terre, et on la vend par petites bottes. Elle repousse de nouveau; mais, cette fois et les suivantes, on ne la coupe plus, on cueille les grandes feuilles l'une après l'autre à la main, et on conserve celles du centre, qui produiront la cueille suivante, et ainsi de suite.

Quand on se propose d'avoir de la poirée pendant l'hiver, au lieu de semer dans des planches larges de 2 mètres 33 centimètres, on sème dans des planches larges seulement de 1 mètre 66 centimètres, et, au mois de novembre, on y place des coffres que l'on couvre de châssis; quand les gelées arrivent, on entoure les coffres d'un bon accot, on couvre les châssis de paillassons, et, par ce moyen, on a de la poirée tout l'hiver et jusqu'en mai, époque où la plante monte en graine : si même on tenait plus à avoir de la poirée en hiver qu'en été, il suffirait d'en semer la graine en juillet.

CARDE-POIRÉE.

Celle-ci diffère de la précédente en ce que la côte principale de ses feuilles est large, épaisse, et que cette partie que l'on mange cuite est assaisonnée comme des cardons.

Culture. — Nous ne la semons que dans le courant de juin, parce que c'est en avril et mai de l'année suivante que nous attendons le meilleur pro-

duit. Nous semons donc en juin la carde-poirée
dans un bout de planche, et, quand le plant a 8 ou
10 centimètres de hauteur, nous l'arrosons, et, une
heure après, nous le levons avec précaution et le
contre-plantons dans une ou plusieurs planches de
romaine à moitié venue, ou, mieux encore, dans
une planche nouvellement labourée, où l'on mettra
huit rangs et les pieds à 56 centimètres l'un de
l'autre dans les rangs. On arrosera copieusement
pendant le temps sec; quand arriveront les gelées,
on couvrira avec de grande litière, on découvrira
pendant le temps doux, et, quand il n'y aura plus
de gelées à craindre, on enlèvera la litière, et on net-
toiera les plantes de paille et de feuilles endomma-
gées. A la fin d'avril et dans la première quinzaine
de mai, la carde-poirée a repris sa végétation; ses
feuilles ont pris de l'ampleur, une belle apparence :
c'est alors qu'on arrache les pieds, qu'on les pare,
qu'on en met trois ou quatre à la botte et qu'on les
envoie à la halle.

CARDON.

Plante de la famille des Composées, de la section
des Carduacées et du genre Artichaut. On reconnaît
quelques variétés de cardon : ce sont des plantes
bisannuelles du midi de la France, dont la racine
est simple, pivotante, les feuilles radicales très-lon-
gues, blanchâtres, pinnatifides, souvent épineuses;

la tige devient haute de plus de 1 mètre, rameuse, et chaque panneau se termine par une tête de fleurs bleues auxquelles succèdent des graines oblongues, assez grosses. Les parties comestibles du cardon sont le pétiole et la côte des feuilles.

CARDON DE TOURS.

Culture. — Autrefois on ne cultivait, dans nos marais, que le cardon d'Espagne, peu épineux et qui a l'inconvénient d'avoir des côtes creuses. Aujourd'hui, et depuis longtemps, nous ne cultivons plus que le cardon de Tours, qui est plus épineux, mais qui a l'avantage d'avoir les côtes pleines, ce qui le rend très-supérieur à l'autre.

Le cardon étant une plante de très-vigoureuse végétation, il faut semer dans la meilleure et la plus substantielle terre du jardin, et lui donner de fréquents et abondants arrosements. Si on le sème en avril et qu'on néglige de le mouiller, plusieurs pieds montent en graine pendant l'été, c'est pourquoi nous attendons les premiers jours de mai pour le semer, et le semis peut se faire de deux manières, c'est-à-dire en place ou en pépinière. On le sème en place parce que le cardon, faisant une racine simple, pivotante, sans chevelu, est difficile à la reprise et qu'il peut en périr plusieurs à la plantation. Ceux qui ne craignent pas cette difficulté le sèment en pépinière et le plantent ensuite à demeure.

Dans une planche labourée, large de 2 mètres 33 centimètres, on trace deux sillons à 1 mètre 33 centimètres l'un de l'autre ; on marque sur un rayon, à chaque mètre (3 pieds), la place d'un pied de cardon ; si la terre est suffisamment divisée, douce et bonne, on fait aux places indiquées un petit bassin dans lequel on dépose deux ou trois graines de cardon, que l'on enterre à 3 centimètres de profondeur. Si l'on veut faire encore mieux, on enlève un fer de bêche de terre aux endroits marqués, et on le remplace par une pellée de terreau, dans lequel on place deux ou trois graines, comme précédemment. Quand un rang est semé, on sème le second, un troisième, etc., en ayant soin que tous les semis soient en échiquier. Si la saison est sèche et chaude, on tient ce semis à l'eau, et il lève en peu de jours : bientôt on peut juger quel sera le plus beau plant de chaque place semée, et on supprime tous les autres.

Ceux qui, par une raison quelconque, ont préféré semer en pépinière, sur un bout de couche ou en pleine terre, attendent que le plant ait des feuilles longues de 12 à 15 centimètres (4 à 5 pouces) ; on le lève avec précaution, car sa racine est déjà fort longue, et on le plante à la distance déjà indiquée pour le semis en place : en le plantant, il faut ménager sa longue racine, l'insinuer perpendiculairement dans le trou qui lui est préparé, la plomber convenablement, arroser de suite et ombrer le plant jusqu'à ce que sa reprise soit assurée.

Ce n'est guère qu'en août que le cardon commence à prendre un prompt et vigoureux accroissement, et jusque-là la terre ne nous semblerait pas suffisamment occupée par des cardons à 1 mètre loin l'un de l'autre : nous répandons donc un bon paillis sur tout le carré et y plantons de la laitue ou de la romaine.

Nous le répétons, ce n'est qu'au moyen de nombreux et copieux arrosements que nous obtenons de beaux cardons dans les marais de Paris; à mesure qu'ils grossissent, on augmente la dose, et, si le temps est sec et chaud, on donne un arrosoir d'eau à chaque pied tous les deux jours.

Au mois de septembre, il y a déjà des cardons assez forts pour être blanchis, et on en blanchit successivement jusqu'en novembre. Ainsi donc, quand on veut faire blanchir des cardons de Tours, voici comme nous nous y prenons : ne pouvant guère les toucher à cause de leurs épines, on réunit leurs feuilles au moyen d'une corde, et on les lie par le bas avec un lien de paille, puis avec un autre lien au milieu, puis enfin avec un troisième lien vers le haut; quand le pied est ainsi lié, on l'enveloppe avec de la grande litière de manière à le priver d'air et de lumière, excepté le sommet des plus longues feuilles, et on serre cette litière avec trois liens comme le cardon lui-même.

Les jardiniers-maraîchers appellent cette opération *emmaillotter* les cardons; si le temps continue d'être sec, on arrose le pied du cardon, quoique emmaillotté, mais seulement une seule fois.

Il faut au cardon trois semaines de privation d'air et de lumière pour qu'il acquière la blancheur et la tendreté convenables; alors on le coupe par la racine entre deux terres, on le démaillotte, on lui ôte ses feuilles extérieures et ce qui peut se trouver de défectueux, on lui pare le collet et on le livre à la consommation.

Si, au mois de novembre, on veut conserver des cardons pour l'hiver, on les lie comme il vient d'être dit, mais on ne les emmaillotte pas; on les arrache avec une partie de leurs racines, et une motte s'il est possible, on les porte dans une cave où l'on a déposé du terreau à cet effet et on les replante dans ce terreau près à près sans qu'ils se touchent cependant; sept ou huit jours après, on les visite, pour ôter les feuilles extérieures qui pourrissent ordinairement les premières, et en quinze ou dix-huit jours ils blanchissent : en continuant de les visiter souvent pour ôter au fur et à mesure les feuilles qui se gâtent, on peut en conserver pendant deux mois.

CÉLERI.

Plante de la famille des Ombellifères, de la section des Amninées et du genre Persil. Il y a plusieurs espèces ou variétés de céleri, toutes européennes, bisannuelles : elles ont les racines fibreuses ou tubéreuses, les feuilles radicales, grandes, deux fois ailées, à folioles larges et luisantes; la tige devient haute de 3 à 6 décimètres, rameuse, et porte des ombelles de petites fleurs jaunâtres auxquelles succèdent des fruits ovales.

Les parties comestibles des céleris sont les pétioles, les feuilles, et les racines dans une espèce.

CÉLERI A GROSSE COTE.

CULTURE. — Dans la première huitaine de mai, on laboure un bout de planche à l'ombre, et on y sème la graine de ce céleri, parce que, si on le semait au soleil, le plant pourrait brûler en levant; quand la graine est enterrée, on répand dessus une légère couche de terreau ou de paillis très-court, et on arrose; on continue de donner tous les jours une petite mouillure jusqu'à ce qu'il soit levé, et on l'arrose encore très-souvent pour l'empêcher de durcir, jusqu'à ce qu'il ait de 10 à 14 centimètres de hauteur : alors il est temps de le planter. Après avoir labouré une ou plusieurs planches et les avoir couvertes d'un paillis, on trace avec les pieds dix ou onze rayons sur chaque planche large de 2 mètres 33 centimètres, et on y plante le jeune céleri à 20 centimètres de distance dans les rangs, et on lui donne de suite une bonne mouillure; pour peu que la saison soit sèche, il faut arroser le céleri abondamment au moins tous les deux jours, d'abord pour qu'il ne durcisse pas, ensuite parce qu'il aime naturellement l'eau, enfin parce que nous l'avons planté près pour l'obliger à grandir promptement.

Quand le céleri a de 40 à 46 centimètres de hauteur, il faut penser à le faire blanchir, et nous avons deux manières d'y procéder :

1° Si l'on a de vieilles couches dont le fumier soit consommé, on les vide en jetant le terreau et le fumier sur le bord à droite et à gauche, et il en résulte une espèce de tranchée dans laquelle on replante et on gouverne le céleri, comme nous allons le dire dans la manière suivante, qui est la plus usitée.

2° On creuse en plein carré une tranchée large de 1 mètre 33 centimètres et profonde de 35 à 38 centimètres, aux côtés de laquelle il doit y avoir un espace vide, large de 1 mètre, pour déposer la terre de la tranchée, et on ameublit par un labour le fond de cette tranchée. Quand cela est fait, on lève avec une bêche chaque pied de céleri avec sa motte, et on le plante soigneusement dans le fond de la tranchée en faisant une fossette avec la main pour recevoir la motte du céleri, et en la couvrant de terre que l'on affaisse pour le fixer bien verticalement : si quelques pieds ont des pousses latérales ou petits œilletons, on les détache avant de les replanter. Dans une tranchée large de 1 mètre 33 centimètres, on peut replanter huit ou neuf pieds de céleri par rang, et espacer les rangs de 18 à 22 centimètres; la tranchée ainsi plantée, on lui donne de suite une mouillure copieuse, et, si le temps est sec, on arrose tous les jours jusqu'à ce que le céleri soit bien repris.

Douze ou quinze jours après, on doit voir le céleri pousser du cœur; alors on brise bien la terre déposée sur l'un ou l'autre bord de la tranchée, et, s'il y a quelques feuilles altérées au céleri, on les ôte, et on fait couler l'épaisseur de 16 centimètres de terre entre les rangs et les pieds de céleri, en prenant soin que chaque pied conserve toujours sa direction verticale. Cette première opération s'appelle *empiéter* : douze ou quinze jours après, on voit que le céleri a encore poussé du cœur; alors on remet encore de la terre meuble entre les rangs et les pieds de céleri, et d'une épaisseur telle qu'on ne voie plus qu'environ 12 centimètres des plus longues feuilles : cette seconde et dernière opération s'appelle *rechausser*. Par cette seconde opération, la tranchée se trouve plus élevée que la terre des côtés, et il faut, à mesure qu'on l'élève, maintenir un talus solide sur les côtés pour que les pieds de céleri qui se trouvent sur les bords ne soient pas exposés à être découverts : après cette seconde opération, le céleri se trouve blanchi en douze ou quinze jours; alors on l'arrache, on lui pare la racine, on le met en bottes au nombre de six à sept pieds par botte, on le lave, et enfin on l'envoie à la halle.

CÉLERI TURC.

Celui-ci se distingue du précédent en ce qu'il est beaucoup plus court, plus trapu ; ses côtes sont un peu plus grosses et son cœur plus fourni : les consommateurs le préfèrent aujourd'hui au grand céleri, et les maraîchers y trouvent leur compte parce qu'il est moins coûteux à faire blanchir que l'autre ; sa culture est la même pour tout le reste.

CÉLERI-RAVE.

Celui-ci se sème en même temps et de la même manière que le précédent, mais on ne le plante qu'une fois et à plus grande distance ; aussi ne devient-il pas si haut. Dans une planche large de 2 mètres 33 centimètres, on en plante sept rangs et on met les pieds à 40 centimètres l'un de l'autre dans les rangs ; on l'arrose avec autant de soin que les précédents, jusque dans l'automne, et, quand arrivent les gelées, sa racine doit être grosse comme le poing ou le ventre d'une bouteille : alors on l'arrache, on coupe les feuilles et les radicelles, on porte les tubercules ou racines dans la cave, on les enterre dans le sable s'il est possible, et on les vend à la douzaine pendant tout l'hiver. Le céleri-rave cuit est excellent.

CÉLERI A COUPER.

On distingue celui-ci en ce qu'il est plus petit et que ses côtes sont creuses ; sa culture est aussi différente et plus simple ; on sème dès la fin de mars et en avril, à la volée, sur une planche bien labourée, et, quand la graine est enterrée et hersée, on la couvre de 2 centimètres de terreau ; on mouille pour favoriser la germination, et, quand le plant est levé, on l'entretient à la mouillure, afin qu'il reste toujours tendre ; lorsque le plant a atteint la hauteur de 15 à 20 centimètres, on le coupe, on l'arrange par petites bottes, et on l'envoie à la halle : il repousse de suite, et, si on a soin de le tenir à la mouillure, on peut le cueillir tous les quinze ou dix-huit jours jusqu'aux gelées.

JUIN.

RAIPONCE.

Plante de la famille des Campanulacées et du genre Campanule. C'est une petite plante indigène, bisannuelle, à racines simples, pivotantes, à feuilles radicales, ovales, lancéolées ; la tige est droite, grêle, haute de 5 centimètres et plus, peu rameuse, munie de fleurs bleuâtres, campanulées, auxquelles succèdent des fruits secs qui s'ouvrent par les côtés pour répandre les graines. Les parties comestibles de cette plante sont la racine et les feuilles radicales que l'on mange en salade.

CULTURE. — On sème la raiponce en juin et juillet, pour avoir de grosses racines en hiver ; ceux qui tiennent plus aux feuilles qu'aux racines ne la sèment qu'en septembre. Il n'est pas indispensable de labourer la terre où l'on veut semer la raiponce, il suffit d'y passer la ratissoire à pousser, pour remuer la terre jusqu'à 2 centimètres de profondeur ; comme cette graine est très-fine et très-coulante, il serait difficile de la semer seule sans s'exposer à en mettre trop par places, et elle doit être semée très-clair, car ses feuilles s'étalent en rond sur la terre : on mêle donc la graine avec de la cendre ou de la terre fine et sèche, et on sème le tout ensemble sur le terreau préparé ; après, on herse avec une fourche à trois dents pour cacher la graine, on plombe un peu la terre pour qu'elle touche la graine de toute part, ensuite on répand un léger paillis court sur le tout, et enfin on arrose au besoin.

La raiponce se consomme de la fin de décembre en février, même plus tard ; on l'arrache avec sa racine et sa rosette de feuilles ; on l'épluche, on la lave, et on la vend par petites mannées.

La culture de la raiponce est très-restreinte dans

nos marais, d'abord parce qu'elle n'est pas lucrative, ensuite parce que les gens de la campagne vont en arracher où elle croît naturellement et en fournissent les marchés de la capitale à très-bas prix.

FRAISIER.

Plante de la famille des Rosacées, de l'ordre des Dryadées et du genre dont elle porte le nom. Il y a quelques espèces et beaucoup de variétés de fraisier : toutes sont de petites plantes vivaces, herbacées, les unes originaires d'Europe et les autres de l'Amérique, hautes de 15 à 25 centimètres, à feuilles trifoliées, à fleurs blanches, auxquelles succèdent des fruits ovales ou arrondis, succulents, rouges ou blancs, qui portent les graines à leur superficie. La partie comestible de ces plantes est leur fruit.

Observations. — La fraise étant du goût de tout le monde, la culture du fraisier s'est considérablement étendue aux environs de Paris, et les jardiniers, *intra-muros*, où la terre est si chère, ne peuvent plus soutenir la concurrence dans cette culture, qui est devenue une spécialité. Sur les dix-huit cents maraîchers de Paris, on n'en compte pas une demi-douzaine aujourd'hui qui cultivent le fraisier en culture naturelle, et ceux qui le cultivent en culture forcée, qui est la seule où l'on puisse espérer obtenir quelque bénéfice dans Paris, sont encore en plus petit nombre.

Il y a aujourd'hui plusieurs variétés de fraisiers dont les fruits sont plus gros, plus séduisants que ceux du fraisier des Alpes ou quatre-saisons; mais aucun d'eux ne fructifie aussi longtemps, et leurs fruits sont loin d'avoir la saveur de la fraise des Alpes : aussi son débit est-il plus certain, et c'est la seule que les maraîchers, toujours en très-petit nombre, puissent cultiver en culture forcée seulement, avec l'espérance de quelque bénéfice.

FRAISE DES ALPES OU QUATRE-SAISONS.

Culture forcée. — Pour cultiver la fraise des Alpes de cette manière, il faut la renouveler tous les ans, ou par semis, ou par coulants : le renouvellement par semis étant le plus avantageux, nous ne nous occupons pas de l'autre. A la fin de juin, on choisit un certain nombre des plus belles fraises des Alpes en état de parfaite maturité, on les écrase dans de l'eau, et les graines s'en extraient aisément ; quand elles sont ressuyées, on laboure un petit coin de terre, non pas à l'ombre, mais que l'on puisse ombrer avec un paillasson ou deux ; et, quand le dessus de la terre est très-divisé et nivelé au râteau, on y sème la graine, sur laquelle on répand seulement 2 millimètres de terre très-fine ou du terreau, et on donne un léger bassinage. On répète ce bassinage deux ou trois fois par jour, si on n'ombre pas avec des paillassons ; car il ne faut pas que le dessus de la terre sèche tant que les graines ne sont pas levées, si on veut qu'elles lèvent toutes promptement. En moins de quinze jours, tout sera levé ; six semaines après, c'est-à-dire deux mois après le semis, le plant sera bon à être repiqué en pépinière, où il fleurira et produira des coulants ; mais on supprimera les uns et les autres à mesure qu'ils se montreront. A la fin de novembre, on laboura autant de planches que l'on voudra, on y plantera les fraisiers à 28 centimètres de distance, et, sitôt que les gelées commenceront, on couvrira les planches de coffres et de châssis, afin que les fraisiers continuent de végéter un peu.

C'est ordinairement en février que l'on commence à forcer les fraisiers; alors on enlève toute la terre des sentiers jusqu'à 54 centimètres de profondeur, et on les remplit, jusqu'au sommet des coffres, de bon fumier neuf de cheval; on se préserve de la gelée par tous les moyens connus, on donne de l'air à propos, on remanie et on rechange les réchauds quand on s'aperçoit qu'ils ne fournissent plus assez de chaleur aux fraisiers, qu'il faut tenir propres et auxquels il faut ôter une partie des vieilles feuilles pour que la lumière pénètre partout, surtout lorsque les fruits commencent à paraître; enfin, les premiers jours d'avril au plus tard, la récolte des fraises pourra commencer et durer jusqu'à ce que les fraisiers de pleine terre donnent.

Il y a encore d'autres manières de forcer le fraisier, en pot, en serre : les uns préfèrent les coulants aux pieds venus de graine, les plantent dans une autre saison, etc. ; mais la culture que nous venons d'indiquer est la plus simple et la seule praticable par les maraîchers.

NAVET TENDRE DES VERTUS.

Nous citons seulement cette variété, qui est oblongue, blanche, des plus hâtives, et qui pourrait se semer à la fin de juin par les maraîchers, si les maraîchers cultivaient encore le navet; mais il y a bien longtemps qu'ils ont dû renoncer à cette culture, parce que le navet n'est pas une plante que l'on puisse forcer, parce qu'il monte en graine et ne grossit plus, si on le sème avant le mois de juin. Tous les cultivateurs *extra-muros* sèment des navets et peuvent les vendre à bien meilleur marché que ne pourraient le faire les maraîchers *intra-muros*, où le terrain est beaucoup plus cher.

JUILLET.

CHAMPIGNON.

Plante de la famille des Cryptogames et du genre Agaric : elle croît naturellement en France, sur les gazons des prés secs, des bois, et au pied des tas de fumier de cheval. C'est un champignon blanc ou grisâtre, charnu, d'abord globuleux, composé d'un pied et d'un chapeau dont les lames, d'abord rosées, deviennent brunes, même noirâtres, à mesure que le chapeau s'ouvre, s'étend jusqu'à acquérir un diamètre de 10 centimètres; mais alors il n'est plus vendable. Quoique toujours bon, c'est quand le champignon est de la grosseur d'un œuf de pigeon à un œuf de poule qu'il a le plus de prix et que les consommateurs l'estiment davantage.

Autrefois les maraîchers de Paris cultivaient beaucoup ce champignon avec bénéfice; mais, depuis que des *champignonnistes* le cultivent avec bien moins de frais dans les carrières de Paris et des environs, les maraîchers en font beaucoup moins : ils auraient été même obligés d'y renoncer tout à fait, si les champignons qu'ils font venir n'étaient pas plus blancs, plus beaux, et n'avaient pas une meilleure apparence et plus de prix que ceux venus dans les carrières.

Quoique nous soyons loin de vouloir faire les érudits, nous noterons cependant ici, en faveur de nos confrères, que les savants regardent le blanc de ce champignon comme les tiges et les rameaux de la plante, et le champignon proprement dit comme son fruit.

Quoiqu'on puisse faire des champignons en toute saison, nous préférons cependant les faire en automne; pour cela il faut préparer le fumier, dès le mois de juillet, de la manière qui va être indiquée.

Il faut d'abord décider combien on fera de meules pour juger de la quantité de fumier à préparer; on ne fait ordinairement pas moins de deux ni plus de douze meules à la fois, dont nous ne pouvons ici déterminer la longueur, quoique les plus commodes aient environ 10 à 12 mètres de long.

Préparation du fumier.— On prend du fumier de

cheval que l'on a accumulé en tas pendant un mois
ou six semaines, et on l'apporte dans les marais sur
une place vide, unie et ferme : là on passe tout ce
fumier à la fourche; on en retire la grande litière
qui n'a pas été imprégnée d'urine, le foin, les mor-
ceaux de bois qui peuvent s'y trouver, car le blanc
ne prend pas sur ces corps. En frappant avec le
dos de la fourche sur le fumier, on le dépose de-
vant soi en *plancher* épais de 66 centimètres au
moins, en l'appuyant avec le dos de la fourche.
Quand le plancher, qui est presque toujours un
carré long, est fait, on le trépigne bien, on l'arrose
abondamment et on le trépigne une seconde fois,
puis on le laisse en cet état pendant huit ou dix
jours; alors le fumier fermente, s'échauffe, sue, et
sa surface se couvre d'une sorte de moisissure
blanche. Après ces huit ou dix jours, le plancher
doit être remanié de fond en comble sur le même
terrain et reconstruit comme précédemment, avec la
précaution nécessaire de placer le fumier des bords
du plancher dans son intérieur, et on laisse encore
le plancher dans cet état pendant huit ou dix jours;
au bout de ce temps, le fumier doit avoir acquis
toute la qualité propre à faire les meules : en les
visitant on doit le trouver souple, moelleux, onc-
tueux ou gras, sans odeur de fumier, et d'un blanc
bleuâtre à l'intérieur, ni trop humide ni trop sec;
si le fumier n'était pas dans toutes ces conditions,
il y aurait à craindre que les meules qui en seront
formées ne fussent pas très-fertiles.

Manière de monter, larder et gopter les meules. — Les meules doivent avoir 66 centimètres de largeur à la base, 66 centimètres d'élévation, et être formées en dos d'âne, placées parallèlement à 48 ou 50 centimètres l'une de l'autre. On apporte le fumier préparé sur la place. Un homme habitué à ce travail ou, mieux, le maître maraîcher lui-même prend de ce fumier par petites fourchées, les pose devant lui en les étendant et les appuyant bien les unes sur les autres, et forme un dos d'âne de la largeur et de la hauteur indiquées ci-dessus ; l'homme travaille toujours en reculant, et, quand il arrive au bout, la meule est terminée : alors on la peigne, on bat sur les côtés et sur le haut avec le dos d'une pelle pour la rendre bien unie. Dans cet état le fumier se réchauffe, mais il ne peut plus reprendre une très-grande chaleur; après quelques jours on sonde la meule avec la main, et, si la chaleur est convenablement douce, on la *larde*. Cette opération consiste à faire de petites ouvertures dans le fumier, de la largeur de la main, à 5 centimètres de terre et sur une seule ligne autour de la meule, à 33 centimètres l'une de l'autre (1). A mesure qu'on fait ces ouvertures, on introduit dans chacune d'elles une petite galette de blanc de champignon (une *mise*, en terme de maraîcher), large de trois doigts et longue de 8 ou 10 centimètres, et l'on rabat le fumier par-dessus de manière qu'elle soit

(1) Il y a quelques maraîchers qui mettent un second rang de blanc à 18 centimètres au-dessus du premier.

bien enfermé. Cette opération faite, on couvre la meule de litière sèche de l'épaisseur de 10 à 12 centimètres : cette couverture s'appelle *chemise*. Dix ou douze jours après, on visite les meules pour voir si le blanc a bien pris ; pour cela on soulève le bas de la chemise, on regarde aux endroits où l'on a placé du blanc. Quand on aperçoit des filaments blancs qui s'étendent dans le fumier de la meule, on reconnaît que le blanc *a pris* et qu'il est bon : s'il y a des galettes ou mises dont le blanc ne s'étende pas dans la meule, c'est qu'il n'était pas bon ; on les retire alors et on en met d'autres à la place ; enfin, quand tout le blanc est bien pris, que ses filaments s'étendent dans la meule, c'est le moment de la *gopter*. Cette opération consiste à revêtir toute la meule de l'épaisseur de 3 centimètres de terre très-fine et très-douce : d'abord on enlève la chemise de dessus la meule, on laboure les sentiers jusqu'à la profondeur d'environ 10 centimètres, on y mêle du terreau et on rend le tout aussi fin que possible ; on bassine légèrement toute la surface de la meule, et, tant qu'elle est humide, on prend une pelle : avec cette pelle on ramasse de la terre préparée dans le sentier, et on la lance contre la meule, où on la retient en appliquant très-vivement le dos de la pelle contre cette terre pour l'empêcher de tomber, ce qui exige de l'adresse et de la vivacité ; à mesure que l'on gopte, on solidifie la terre sur la meule en la frappant légèrement avec le dos de la pelle, et ensuite on remet la chemise. Quand les meules ont passé encore quinze ou vingt jours dans cet état, on les visite pour voir si le blanc se fait jour au travers de la terre dans le bas des meules, et, si le grain du champignon se forme, si tout va bien, peu de jours après il y aura des champignons à cueillir : chaque fois qu'on en détachera, on mettra un peu de terreau dans le trou qu'aura laissé le champignon, et on remet de suite dessus la partie de la chemise qu'on avait relevée. Quand les meules donnent bien, on peut cueillir les champignons tous les deux jours, et des meules bien gouvernées donnent ordinairement des champignons pendant deux ou trois mois; on a même vu des meules qui, après avoir donné une bonne récolte et s'être reposées deux mois, recommençaient et donnaient une seconde récolte.

Nous venons de décrire la culture du champignon d'automne telle qu'elle se pratique dans les années qui ne sont ni sèches ni pluvieuses; mais, dans les années sèches, il est quelquefois besoin d'arroser la chemise pour entretenir une légère humidité dans la terre de la meule; dans les années pluvieuses, au contraire, il faut quelquefois enlever la chemise trop mouillée pour en substituer une sèche.

CULTURE DU CHAMPIGNON DANS UNE CAVE.

CULTURE. — On prépare le fumier en planche à l'air libre dans le marais, comme nous venons de le dire, et, quand il est arrivé au point convenable, on le descend dans la cave : là on l'arrange le long des murs, de manière à former une moitié de meule ou une meule à une seule pente ; on peut aussi en établir sur des tablettes au-dessus des premières. Au milieu et sur le sol de la cave les meules se construisent à deux pentes, comme celles qui se font à l'air libre : on les larde, on les gopte comme les autres, mais on ne les couvre pas d'une chemise, l'obscurité en tient lieu ; on ferme soigneusement les soupiraux et les portes, et les meules, étant à l'abri des influences atmosphériques, produisent des champignons plus longtemps que celles construites en plein air.

Dans les carrières de Paris et de ses environs, les champignons s'y cultivent de cette dernière manière, mais en beaucoup plus grande quantité, et on y fait une consommation prodigieuse de fumier ; mais les champignons des maraîchers sont toujours préférés à la halle.

La culture du champignon à l'air libre est rarement atteinte de la maladie que nous appelons *môle ;* mais elle se montre fréquemment dans les meules construites dans les caves, s'empare quelquefois de tous les champignons et force le champignonniste à aller établir sa culture dans une autre cave. Un champignon atteint de cette maladie a son chapeau verruqueux, ses feuillets s'épaississent, se soudent les uns les autres, changent de couleur, ne présentent plus qu'une masse informe qui a perdu la bonne odeur du champignon sain, en a contracté une autre désagréable et n'est plus vendable.

Manière de faire du blanc à champignon. — Beaucoup de maraîchers tirent leur blanc de vieilles meules qui ont cessé de donner et le conservent en plaque, dans un grenier ou un endroit sec; on en a conservé ainsi pendant une douzaine d'années, et au bout de ce temps il s'est trouvé encore bon pour larder des meules. Plusieurs d'entre nous ont pensé que du blanc tiré de vieilles meules, qui avait déjà produit des champignons on ne sait combien de fois, devait avoir perdu de sa fertilité, et ils ont cherché le moyen d'en obtenir qui n'ait pas encore produit de champignons et qui, par conséquent, ne pourrait pas être censé épuisé. Ce n'est pas que l'on puisse faire du blanc de toute pièce, mais on en met si peu de vieux dans l'opération, que tout le blanc qui en résulte est censé nouveau. Voici l'opération :

Il faut d'abord préparer un peu de fumier, comme pour faire des meules; ensuite on ouvre une petite tranchée au pied d'un mur, à l'exposition du nord, large et profonde au moins de 66 centimètres, et on jette la terre sur le bord de la tranchée. On a un peu de vieux blanc, on le divise par petites plaques, que l'on place, sur deux rangs, dans le fond de la tranchée, en espaçant les plaques à 33 centimètres l'une de l'autre; après quoi, on apporte le fumier préparé d'avance, on l'arrange convenablement dans la tranchée, avec une fourche, en le tassant bien. Quand on en a mis partout, l'épaisseur de 25 à 30 centimètres, on le trépigne bien, et on remet la terre par-dessus, que l'on trépigne encore. Après vingt ou vingt-cinq jours, le blanc que l'on avait déposé dans le fond de la tranchée a végété et s'est étendu dans tout le fumier, qui est devenu lui-même une masse de blanc; alors on retire la terre qui le couvre, puis avec une bêche on coupe le fumier par morceaux carrés de 33 centimètres de côté et de 20 à 24 centimètres d'épaisseur : on refend ces morceaux en deux pour faciliter leur dessiccation, et on les porte dans un grenier, où on en prend pendant quatre ou cinq ans, pour larder les meules.

L'époque la plus favorable pour faire ce blanc est le mois de juillet.

CHAPITRE XI.

ALTÉRATIONS CAUSÉES AUX LÉGUMES PAR LES INSECTES ET PAR LES MALADIES.

Parler des insectes et des maladies des légumes en termes scientifiques est une chose impossible pour aucun maraîcher, et de longtemps la langue des entomologistes et des nosologistes ne sera familière dans nos marais. Nous avons cependant senti la nécessité de parler des insectes et des maladies dans un ouvrage de la nature de celui-ci, quoique nous ne puissions les désigner que par des noms triviaux, compris, il est vrai, par tous les maraîchers de Paris, mais fort peu intelligibles pour des hommes habitués à la langue scientifique.

Afin d'abréger ce chapitre, qui n'offre aucun attrait, nous nommons successivement tous les légumes, comme titres d'articles, et, au-dessous, nous récapitulons, en deux colonnes en regard, les insectes et les maladies auxquels ces légumes sont sujets : quant aux moyens de les en préserver, nous en indiquons fort peu, car on n'est pas plus habile en cette partie dans la culture maraîchère que dans la grande culture.

ASPERGE.

Insectes.	*Maladies.*
Quand les tiges de l'asperge montent en graine, elles sont souvent attaquées par le *criocère*, insecte rouge qui mange l'écorce des tiges et qui est quelquefois si nombreux, qu'elles en sont toutes couvertes. Le ver blanc et la courtilière tourmentent aussi les griffes en terre.	Dans les terrains gras et humides, les griffes d'asperge sont sujettes à fondre ou à pourrir.

AUBERGINE.

Insectes.

L'aubergine est sujette aux pucerons, aux kermès; on détruit les uns et les autres en brossant la plante avec de l'eau.

Maladies.

Cette plante n'a pas de maladie particulière.

CARDON.

Le plus grand ennemi des cardons est une mouche noire qui s'attache à ses feuilles en immense quantité. Nous ne savons si cette mouche pompe les sucs ou si elle intercepte la transpiration; mais nous savons bien qu'elle ralentit et arrête la végétation et que la plante dépérit. Tant que le cardon est jeune et petit, la courtilière lui coupe aussi quelquefois la racine et le tue.

CAROTTE.

Un ennemi très-redoutable dans les terrains secs, pour le semis de carotte, est une petite araignée qui

Nous ne connaissons pas de maladie à la carotte, excepté la fonte, qui peut l'atteindre un peu dans les

Insectes.	*Maladies.*
coupe les jeunes plants à mesure qu'ils lèvent : on la détruit en arrosant fréquemment le jeune plant.	terrains qui ne lui conviennent pas.

CÉLERI.

	Les feuilles et les côtes du céleri sont assez sujettes à être attaquées de la rouille dans ses différentes phases de culture.

CERFEUIL.

On ne connaît pas d'insecte au cerfeuil.	Le cerfeuil n'est pas sujet aux maladies ; seulement, dans l'été, la jaunisse peut le prendre s'il fait très-chaud, et, dans les terrains qui ne lui conviennent pas, la fonte peut le détruire en partie.

CHICORÉE FRISÉE.

Outre les insectes qui nuisent aux romaines et aux laitues, la chicorée frisée a encore pour ennemi le ver gris, appelé aussi chenille de terre, grosse chenille grise : elle coupe la chicorée rez terre.	La chicorée frisée est exposée aux mêmes maladies que les romaines et les laitues.

CHICORÉE SAUVAGE.

Insectes.

Nous ne connaissons d'autre ennemi à la chicorée sauvage, semée sur couche et sous châssis, que la courtilière, qui, en faisant ses galeries en tout sens, reverse les graines en germination et les fait périr.

Maladies.

La petite chicorée sauvage n'est sujette, étant cultivée sur couche et sous châssis, qu'à une seule maladie, c'est la fonte. Son nom indique son effet ; le plant qui en est attaqué fond sur place, et le mal gagne par contagion. Nous attribuons cette maladie à trois causes ;

1° A un vice dans le terreau ;

2° A trop d'humidité ;

3° Au manque de soleil. On ne peut ni semer ni planter dans l'endroit où la fonte vient de faire son ravage : tout y périt.

CHOU-FLEUR.

Les choux-fleurs, ainsi que les autres choux, ont de nombreux ennemis ; quand on les sème au printemps, ils sont exposés à être dévorés par l'altise, que nous appelons alirette et pou de terre, dès que les cotylédons sortent de terre. On arrête le dégât en arro-

Les maladies du chou-fleur et des autres choux ne sont pas nombreuses. Quand le plant est encore très-jeune, il est sujet au meunier, et, quand le chou-fleur est près de donner sa pomme, il peut encore en être attaqué. Le chancre, le pourri peuvent aussi se

Insectes.

sant trois ou quatre fois par jour ou en ombrant le semis. Quand les choux-fleurs sont quittes de danger, arrivent les chenilles de plusieurs espèces : les chenilles jaunes engendrées par des papillons blancs ; de grosses chenilles grises et vertes, engendrées par des papillons de différentes couleurs. La chenille du papillon blanc ne mange que les feuilles, mais elle dévore vite ; il faut la surveiller et la détruire souvent, ainsi que les pontes d'œufs que les papillons déposent sur les feuilles. Les grosses chenilles vertes ou grises attaquent la pomme même du chou-fleur dès qu'elle commence à paraître, et la dévoreraient si on ne visitait pas les choux-fleurs tous les quatre ou cinq jours pour tuer ces insectes. Plus tard, quand les choux-fleurs montent en graine, ce sont les pucerons verts qui assiégent les rameaux par millions, et qui, quelquefois, rendent la récolte des graines nulle.

Si à présent nous passons au collet, aux racines du

Maladies.

manifester dans le tronc, dans les côtes, dans la moelle du chou et le conduire à la mort.

Insectes.	*Maladies.*
chou-fleur, nous trouvons d'abord le ver gris, qui cause des exostoses au pied du chou, se loge dans son intérieur, le creuse et le fait souffrir ; le taon à tête rouge, le guillot ou petit ver blanc, qui en mangent les racines et le trognon.	

CHOU-POMME.

Les choux-pommes et les choux verts ont pour ennemis les mêmes insectes que les choux-fleurs.	Ce qui vient d'être dit pour le chou-fleur peut s'appliquer à tous les autres choux.

CONCOMBRE.

Les mêmes qu'aux melons.	Les mêmes qu'aux melons.

CRESSON ALÉNOIS.

	Cette plante est sujette à la fonte, surtout si elle est semée épais. Nous rappelons ici qu'il arrive souvent que les plantes fondent parce qu'elles sont semées trop dru.

ÉPINARD.

Insectes.

Le puceron vert attaque l'épinard, mais assez rarement. La grosse chenille verte le mange aussi quelquefois ; son plus grand ennemi est la courtilière, quand elle se met à faire ses galeries dans une planche d'épinard qui commence à lever ; elle culbute et évente les racines du jeune plant et en fait périr une grande partie.

Maladies.

L'épinard n'aimant pas la grande chaleur, celui que l'on sème en été est sujet à la jaunisse ; on arrête ou diminue cette maladie en arrosant beaucoup. Dans les automnes très-humides, l'épinard peut attraper le meunier ; dans les terrains gras et humides, il est sujet à la fonte.

ESTRAGON.

Nous ne connaissons à l'estragon qu'une sorte de maladie, qui est une espèce de chancre sous l'apparence d'une tache jaunâtre au pied de la plante et qui fait mourir les tiges ; cette maladie se montre dans les printemps incléments.

HARICOTS.

En culture forcée et en culture naturelle, le haricot est sujet fréquemment à la grise.

Les loches, les limaces

On ne connaît guère d'autre maladie au haricot cultivé sous châssis que la rouille occasionnée par la grise.

Insectes.	*Maladies.*
mangent les feuilles dans les temps humides.	

LAITUE.

Les insectes qui nuisent aux romaines, les uns par les feuilles, les autres par les racines, sont les mêmes qui nuisent aux laitues et de la même manière.	Les laitues sont sujettes aux mêmes maladies que les romaines; la rouille surtout leur est très-préjudiciable, elle se manifeste par des taches couleur café d'abord, ensuite noirâtres : cette maladie entraîne la perte de la plante.

MACHE.

La mâche n'a guère d'autre ennemi que la courtilière, qui fait ses nombreuses galeries dans un semis qui lève; dans toutes ses courses souterraines, elle soulève et coupe les jeunes plants, surtout après des arrosements ; c'est la nuit particulièrement qu'elle fait des dégâts.	La fonte et quelquefois le meunier sont les maladies de la mâche, quand elle est semée dans un terrain humide, ou que la saison est très-pluvieuse ; on la voit aussi atteinte de la rouille, mais très-rarement.

MELON.

Le plus grand ennemi des melons, en fait d'insectes, est la grise, petite araignée à peine perceptible à l'œil,	Nous appelons chancre ou ulcère une maladie trop fréquente qui se déclare le plus souvent dans l'enfour-

Insectes.

qui s'établit à la page infé-
rieure des feuilles, y forme
une petite toile, pique
l'épiderme, suce le paren-
chyme, altère ou détruit
les fonctions des feuilles et
nuit tellement à la végé-
tation, que les melons qui
en sont attaqués languis-
sent, et que leurs fruits ne
sont jamais parfaits, si,
toutefois, ils peuvent arri-
ver à maturité.

Nous nous opposons à la
multiplication de la grise
en détachant les feuilles
qui en sont attaquées; mais
l'animal est si petit, qu'on
ne le reconnaît que par ses
dégâts, de sorte qu'il est
difficile de s'en purger en-
tièrement, et sa multiplica-
tion est si rapide, qu'en
cinq ou six jours un carré
de melons, sous châssis sur-
tout, en est empoisonné.
Cet insecte n'aime pas l'eau,
et des arrosements le dé-
truiraient; mais comment
l'atteindre avec l'eau, puis-
qu'il est toujours sous les
feuilles ? On a conseillé de
le détruire par des fumiga-
tions de tabac ; mais ce
moyen, déjà employé avec
succès, n'est pas encore

Maladies.

chement des bras du me-
lon, quelquefois sur les
branches, quelquefois sur
le fruit même. Quand ce
chancre se déclare sur une
branche ou sur un fruit,
on supprime ou la branche
ou le fruit avec le mal, et
tout est dit ; mais, quand il
a son siége au pied de la
plante, comme cela a lieu
le plus souvent, alors il est
très-dangereux. Il se mani-
feste d'abord par une petite
tache livide à la surface de
l'écorce ; cette tache est un
commencement de pourri-
ture qui s'étend rapide-
ment, gagne et pourrit
toute l'écorce autour du
pied. Si on pouvait aperce-
voir cette maladie quand
elle commence, quand elle
n'a encore que 2 ou 3 mil-
limètres de diamètre, o n
pourrait, sans doute, la
guérir, en grattant ce qui
est pourri et en cautérisant
la plaie avec des cendres ou
du plâtre en poudre ; mais,
lorsqu'on l'aperçoit, il est
presque toujours trop tard;
la cautérisation n'est plus
qu'un palliatif, qui pro-
longe plus ou moins la vie
de la plante sans pouvoir

Insectes.	*Maladies.*
admis dans la culture maraîchère.	rendre au fruit la qualité que la maladie lui a fait perdre.

Les melons ont encore à craindre la grosse alirette, qui pique le dessous des feuilles; mais cet insecte est beaucoup moins dangereux,. les arrosements le détruisent ou l'éloignent.

OIGNON.

Nous ne connaissons d'autre ennemi à l'oignon que le guillot ou petit ver blanc, le même qui mange la racine des choux : il s'introduit dans le plateau de l'oignon et l'empêche de croître.	Dans les terrains gras et frais, dans les années humides, l'oignon est sujet à la fonte, que nous appelons aussi *nuile*. Cette maladie se manifeste par une tache jaunâtre à l'endroit où l'oignon se forme ; elle grandit, les feuilles jaunissent, et toute la plante tombe en pourriture.

OSEILLE.

L'oseille a pour ennemis deux ennemis qui font beaucoup de tort : l'un est la grosse alirette, qui mange les feuilles jusqu'à la côte et qui se laisse tomber à terre dès qu'on en approche ; l'autre est une chenille qui dévore également les feuilles, et qui ne disparaît que par le temps froid.	La rouille se manifeste par des taches roussâtres sur les feuilles de l'oseille : elles s'élargissent peu à peu, se multiplient et finissent par perdre la feuille.

PERSIL.

Insectes.

Le persil n'a pas d'insecte.

Maladies.

Le persil n'est sujet qu'aux maladies du cerfeuil ; mais les fortes gelées le font périr du collet.

PIMPRENELLE.

Pas d'insecte.

La fonte attaque quelquefois cette garniture de salade dans certains terrains.

POIREAU.

Le poireau a le même ennemi que l'oignon, plus la courtilière, qui le coupe entre deux terres, lorsqu'il est nouvellement planté, jusqu'à ce qu'il soit à moitié venu.

Le poireau est sujet à la même maladie que l'oignon, s'il se trouve dans les mêmes circonstances.

POIRÉE.

Les ennemis de la poirée et de la carde-poirée sont les chenilles, qui mangent les feuilles, et le petit taon à tête rouge, qui en coupe le pied dans la terre.

Le temps contraire aux saisons engendre la rouille sur les feuilles des poirées, et toute la plante est sujette à la fonte dans les temps humides.

POURPIER.

Insectes.

Pas d'insecte.

Maladies.

Le pourpier, semé en terre lourde, glaireuse, est sujet à la fonte, ce qui lui arrive aussi ailleurs quand il est semé trop dru.

POTIRON.

Les potirons, giraumonts, turbans, etc., pourraient être exposés aux mêmes maladies que les melons; mais leur vigoureuse végétation les met à l'abri de leurs attaques ou les rend incapables de leur nuire.

RAVES, RADIS.

Les jeunes semis de raves et radis au printemps, ainsi que ceux des autres crucifères, sont horriblement tourmentés par les altises ou alirettes, qui les dévorent ; les courtilières les détruisent aussi par les racines.

Les maladies des raves et radis sont la fonte quand on les sème sur couche, et le meunier quand on les sème sur terre.

ROMAINE.

Insectes.

Puceron vert. — Quand ce puceron s'introduit dans le cœur de la romaine, elle est perdue, car il se multiplie si rapidement, qu'il n'y a pas moyen de l'en débarrasser sans la sacrifier.

Puceron noir. — Celui-ci est aussi nuisible que le précédent ; mais les grands orages le détruisent.

Puceron blanc. — Il s'attache à la racine de la plante et la fait languir ; on parvient quelquefois à le détruire à force d'arrosements.

Taon à tête rouge.—Larve du petit hanneton, qui mange et coupe la racine de la romaine et la fait périr. Quand on voit une romaine qui se fane, on fouille au pied, on trouve le taon et on le tue : on appelle aussi ce taon ver à tête rouge.

Courtilière. — Tout le monde connaît cet insecte malfaisant qui coupe entre deux terres les racines et les plantes qu'il rencontre en faisant ses galeries ; on connaît plusieurs moyens

Maladies.

Le meunier. — Il se manifeste par des taches blanches sur le dessous des feuilles ; ces taches se multiplient très-rapidement et font languir la plante : les temps humides, les grands brouillards occasionnent cette maladie.

Le collet rouge.— Celle-ci est une conséquence de la précédente, quand elle se déclare sur les romaines qui, après avoir poussé vigoureusement, sont arrêtées par un froid subit.

La fonte.— Elle se manifeste par une tache noire au collet de la plante ; elle est mortelle, et il n'y a aucun remède.

La rouille. — Son nom indique sa couleur ; elle s'attache aux feuilles, particulièrement en dessous, et les rend crochues, empêche la séve de circuler ; elle n'est pas incurable, quelquefois le beau temps la fait disparaître quand le mauvais temps l'a produite.

La moucheture. — C'est une maladie qui s'observe

Insectes.	*Maladies.*
de le détruire, soit en lui donnant un tas de fumier pour repaire et où on l'écrase, soit en remplissant d'eau son trou et en versant quelques gouttes d'huile sur l'eau ; quand l'huile touche la courtilière, elle sort du trou et meurt de suite.	particulièrement sur la romaine ; elle se manifeste par des taches grises ou roussâtres sur les feuilles intérieures ; ces taches tournent bientôt en pourriture et perdent la plante. La moucheture se manifeste dans des romaines que l'on arrose plusieurs fois quand elles sont parvenues aux trois quarts de leur grosseur, et que le soleil luit ardemment pendant l'arrosage.

SCAROLE.

La scarole a pour ennemis les mêmes insectes que ceux mentionnés à la laitue.	Cette plante, ayant la même texture et les mêmes sucs que la chicorée frisée, est sujette aux mêmes maladies.

TOMATE.

La tomate n'a pas d'insectes.	Quelquefois, mais rarement, le chancre se manifeste au pied de la tomate dans les temps très-humides.

Après avoir dit ce que nous savons des insectes et des maladies qui altèrent ou détruisent les légumes, nous croyons devoir terminer ce chapitre par l'exposé de l'opinion, qui se transmet par tradition dans la classe des maraîchers de Paris, concernant trois phénomènes atmosphériques. Des personnes sensées nous conseillaient de n'en pas parler dans cet ouvrage, parce qu'elles pensaient qu'il y a, dans l'opinion en question, des erreurs ou des préjugés : malgré notre déférence pour leurs avis, nous n'avons pu nous y rendre ; car, puisque nous écrivons l'histoire de la culture maraîchère de Paris en 1844, que nous exposons ses perfectionnements, l'intégrité veut que nous fassions connaître aussi les croyances susceptibles d'être considérées comme des erreurs ou des préjugés ; par la suite, on pourra les détruire ou en expliquer la raison si elles ont quelque fondement : voici ces trois phénomènes.

Arc-en-ciel.— La tradition entretient l'idée, chez plusieurs maraîchers, que, quand il paraît un arc-en-ciel, son influence peut tuer les champignons qui sont à l'état de graine dans les meules faites sur terre, quoique recouvertes de leur chemise. Nous ne croyons pas tous à cet effet de l'arc-en-ciel : plusieurs d'entre nous sont disposés à attribuer la perte du grain de champignon, dans cette circonstance, à un abaissement subit de température ; mais nous ne l'avons pas vérifié, et laissons la question à l'état où nous l'avons trouvée.

Tonnerre. — La perte du grain de champignon

par l'effet du tonnerre, et même des champignons déjà gros comme des noisettes, est bien plus avérée que celle occasionnée par l'arc-en-ciel; il n'y a aucun de nous qui n'en ait éprouvé la fâcheuse expérience dans ses meules sur terre. Ceux qui font leurs meules dans des caves, dans les carrières de Paris ou des environs, ne s'en sont jamais plaints; son influence ne s'étend sans doute pas jusque-là. Quoi qu'il en soit, il est de fait qu'un tonnerre violent tue le grain de champignon des meules sur terre revêtues de leurs chemises. Est-ce le bruit, est-ce l'électricité, est-ce un refroidissement subit de l'atmosphère, sont-ce les éclairs qui produisent ce fâcheux effet? Aucun maraîcher ne peut répondre à ces questions; mais tous peuvent assurer que le fait a lieu.

Trombe de vent. — C'est ainsi qu'on appelle ces tourbillons de vent et de poussière qui arrachent ou brisent les arbres et découvrent les maisons par où ils passent. Il n'y a guère de maraîchers qui n'en aient pas vu au moins un passer dans leur marais, et qui ne sachent qu'un tel tourbillon peut enlever le fumier, les cloches, les châssis, et faire un dégât épouvantable : nous avons vu, dans un ancien établissement sur lequel un tourbillon passait, le maître, les filles, les garçons courir, crier, agiter en l'air tout ce qu'ils pouvaient saisir, comme bêche, fourche, râteau, dans le but de rompre la colonne d'air qui tourbillonnait ; mais tout ce bruit, tout ce mouvement n'a produit aucun effet, et le tourbillon a continué sa marche. Un autre procédé, dont nous-mêmes nous avons une fois éprouvé l'efficacité, consiste à lancer de l'eau contre le tourbillon; c'est ainsi qu'un jour nous avons sauvé le dernier quart d'une ligne de châssis qu'un tourbillon enlevait, en lui lançant de l'eau par la pomme d'un arrosoir. Nous ne chercherons pas à expliquer ce fait; un jour, quelque physicien pourra expliquer ce que nous venons de dire de l'arc-en-ciel, du tonnerre et des trombes de vent.

CHAPITRE XII.

DE LA RÉCOLTE ET DE LA CONSERVATION DES GRAINES POTAGÈRES.

Il nous a semblé que, dans un ouvrage sur la culture maraîchère, il était nécessaire de faire un petit chapitre dans lequel on pût trouver quelques renseignements sur la manière dont nous nous y prenons pour obtenir et récolter les meilleures graines et pour les conserver le plus longtemps possible. Nous aurons peu de chose à dire qui ne soit connu de tous les jardiniers, et surtout des personnes qui se sont occupées de l'organisation des graines, de leurs tissus et des substances plus ou moins altérables qui les composent. Ce que nous allons dire ici, une fois pour toutes, c'est que, quand les graines sont sèches, il faut les mettre, espèce par espèce, dans des sacs de papier ou de toile, et les placer dans un lieu sec à l'abri de l'air extérieur, de l'humidité et de la chaleur.

ASPERGE.

Quand, vers le 15 juin, on cesse de cueillir les asperges, elles montent et produisent des fruits ronds, succulents, gros comme des pois, d'un très-beau rouge, qui mûrissent en automne, et contiennent et doivent contenir chacun six graines noires; on écrase ces fruits dans l'eau pour en extraire les graines et on les fait sécher : elles se conservent bonnes pendant deux ou trois ans.

AUBERGINE.

Quand on cueille les aubergines pour la vente, on en laisse quelques-unes sur le pied mûrir complétement; alors on en retire les graines, qui sont lenticulaires ou en rein, couleur de brique et du diamètre de 2 millimètres : elles sont bonnes pendant deux ans.

CAROTTE.

Pour obtenir de belle et bonne graine de carotte, il faut faire un semis à la fin de juillet ; pendant l'hiver, on couvre les carottes de litière pour les préserver de la gelée ; au dégel, on les arrache et on les replante à 40 centimètres de distance ; on arrose, au besoin, jusqu'à la mi-juin, et en juillet la graine de carotte mûrit : cette graine, comme dans le persil et autres ombellifères, est un petit fruit qui se divise en deux parties, contenant chacune une graine sous une enveloppe coriace, de forme ovale, longue de 3 millimètres, portant, sur le côté extérieur, quatre lignes de longues dents lamellées qui les rendent comme hérissées. On brise ordinairement ces lamelles en frottant les graines dans les mains avant de les semer ; mais cela ne suffit pas : il faut encore, quand la graine est semée, la plomber avec les pieds, afin de la mettre tout à fait en contact avec la terre et que la germination s'opère plus promptement. La graine de carotte est bonne pendant cinq ou six ans.

CARDON.

Pour obtenir de la graine de cardon, il faut, à l'automne, en laisser quelques pieds en place ; à l'approche des gelées, on coupe les grandes feuilles, on les butte et on les couvre de litière, comme les artichauts; au printemps, on les découvre, ils poussent leur tige, fleurissent et mûrissent leurs graines en octobre : ces graines sont grises, presque droites et cylindriques, longues de 8 à 9 millimètres et munies de quelques petites arêtes longitudinales; elles sont bonnes pendant trois ou quatre ans.

CÉLERI.

Dans le courant de novembre, on choisit les plus beaux, pieds de céleri de chaque espèce, on les replante en pleine terre à la distance de 33 centimètres, on les couvre pendant l'hiver, on les découvre au printemps; ils montent et mûrissent leurs graines en août : cette graine est une ou deux fois plus petite que celle du persil et de la même conformation; elle est bonne pendant dix ans.

CERFEUIL.

C'est du cerfeuil semé en septembre, qui a passé l'hiver et monté au printemps, que l'on tire les graines; elles sont linéaires, aiguës, longues de 12 millimètres et noirâtres : leur propriété germinative se conserve pendant quatre ou cinq ans.

CHOU-FLEUR.

Les choux, en général, sont des plantes bisannuelles qui ne produisent leurs graines que dans leur seconde année, et c'est sur des choux-fleurs semés en septembre que nous recueillons des graines dix ou douze mois après. Ainsi, en avril, mai et juin, temps de la pleine récolte de choux-fleurs, on remarque un certain nombre de pieds qui ont les plus belles pommes et on ne les coupe pas; on laisse même une feuille ou deux sur la pomme, pour qu'elle ne durcisse pas, jusqu'à ce que l'on voie plusieurs rameaux sortir du grain : alors on retire ces feuilles sèches et on arrose pour donner de la vigueur au chou. Ces rameaux grandissent, se ramifient et fleurissent : c'est alors qu'il ne faut pas ménager la mouillure; c'est aussi le moment où, quelquefois, le puceron vert s'établit, en immense quantité, sur les jeunes pousses de rameaux, et compromettrait la récolte des graines, si l'on ne se hâtait de le détruire par tous les moyens connus, parmi lesquels nous indiquons celui-ci comme le plus expéditif et le plus sûr : on mouille la plante, en forme de pluie légère, avec un arrosoir, et on répand de la chaux vive en poudre sur les pucerons; si les pucerons reviennent, on recommence. Bientôt les siliques grandissent, grossissent; quand, dans le courant d'août, on les croit mûres, on coupe les petits rameaux qui les portent, on les fait sécher sur un drap au soleil, où presque toutes les siliques s'ouvrent naturellement et laissent tomber leurs graines, qui sont rondes, noirâtres, grosses comme le plomb de chasse n° 9; on les vanne, et, lorsqu'elles sont bien sèches, on les met en sac : elles sont bonnes pendant huit ou neuf ans.

CHOU-POMME.

Nous comprenons sous le nom de choux-pommes tous les choux qui forment une pomme avec leurs feuilles centrales, depuis le chou d'York jusqu'au gros chou cabus. Ce que nous allons dire s'applique aussi au chou de Milan.

Pour recueillir de la graine sur tous ces choux, il n'est pas indispensable de laisser perdre leur pomme, comme on fait dans beaucoup d'endroits; quand la pomme est coupée pour vendre ou pour la cuisine, il reste assez d'yeux sur le trognon pour produire des rameaux, des fleurs, des siliques et des graines en assez grande quantité pour le besoin de l'horticulture, et ces graines sont aussi bonnes que celles qui seraient sorties de la pomme. La plupart de ces graines sont un peu plus grosses que celles des choux-fleurs également rondes et de même couleur noirâtre ; on les récolte à diverses époques de l'été et de la manière que nous avons dit pour les choux-fleurs : la graine des choux-pommes et de Milan est bonne aussi pendant huit ou neuf ans.

CHICORÉE FRISÉE.

Pour obtenir de la graine de chicorée frisée et de ses variétés, il faut en semer sur couche au commencement de février et la planter en pleine terre en avril. Quand vient l'époque de la lier pour la faire blanchir, on choisit une douzaine des plus beaux pieds et on ne les lie pas. Ils montent lentement et ne mûrissent leurs graines qu'à la fin de septembre ; ces graines sont petites, oblongues, anguleuses, longues de 2 millimètres, non compris la petite couronne dentée qui les termine. Les graines de chicorée frisée et sauvage, et celles de la scarole, sont très-serrées dans leur calice, n'en sortent que très-difficilement et peuvent rester plusieurs années sur leur tige sans tomber; aussi est-on obligé de les battre sur un drap, avec un fléau, pour les faire détacher : elles sont bonnes pendant cinq ou six ans.

CONCOMBRE.

On laisse mûrir complétement, même pourrir, les concombres et les cornichons avant d'en recueillir les graines : elles sont aussi longues, mais plus étroites, que celles des melons; on les traite de même, et elles se conservent aussi longtemps.

CRESSON ALÉNOIS.

On choisit, pour porter graine, celui semé en avril; il monte fin de mai et mûrit en juin; sa graine est couleur de brique, ovale, longue de 2 millimètres; elle est bonne pendant deux ans.

ÉPINARD.

Quand des épinards, semés d'automne, ont passé l'hiver, ils montent vite au printemps et ne tardent pas à mûrir leurs graines, qui sont arrondies ou armées de quelques pointes aiguës : elles sont bonnes pendant trois et quatre ans.

LAITUE PETITE NOIRE.

En février, cette laitue est pommée; alors on choisit les plus belles, on les lève avec une bonne motte, on les replante sur une couche tiède et on place une cloche sur chacune. Au mois de mars, on ôte les cloches, les laitues poussent leur montant, fleurissent, et leurs graines se forment. Vers le mois de juillet, la plupart des graines sont mûres : alors on arrache les plantes doucement, on les place debout contre un mur, au soleil, pendant un jour ou deux; ensuite on les secoue, on les bat sur un drap dans un van; on les laisse encore sécher au soleil pendant quelques jours, on les bat une seconde fois, on vanne les graines, et, quand elles sont bien nettoyées, on les met en sac (1).

(1) Telle est la manière générale de récolter la graine de laitue; mais ceux d'entre nous qui tiennent à ne récolter que des graines parfaites laissent les laitues porte-graine en place, et cueillent les graines au fur et à mesure qu'elles mûrissent, ce qui se reconnaît quand leur aigrette blanche s'élève hors du calice et en détache les graines; et, comme ces aigrettes ne se montrent que successivement, on est obligé de revenir huit ou dix fois au même porte-graine pour le dépouiller de ses bonnes graines. Cette manière de récolter la graine en détail, en pinçant seulement le bout des rameaux qui la portent, s'appelle *pincer*.

Toutes les laitues ont la graine ellipsoïde, longue de 3 millimètres, noire ou blanchâtre, marquée de stries longitudinales ; on ne peut guère les distinguer que par la couleur noire ou blanchâtre. Celle de la petite noire (1) est noire : elle conserve sa faculté germinative pendant trois ou quatre ans ; les suivantes la conservent le même temps.

LAITUE GOTTE.

Celle-ci se traite comme la précédente, mais elle donne sa graine un peu plus tard ; cette graine est blanchâtre et se recueille comme celle de la petite noire, ainsi que les trois suivantes.

LAITUE ROUGE.

C'est en mai que cette laitue pomme. On laisse monter les plus belles ; sa graine est noire et on la récolte en juillet.

LAITUE GEORGES.

Celle-ci pomme et monte en même temps que la laitue rouge ; sa graine est noire et sa récolte se fait à la même époque.

---

(1) C'est par ellipse qu'on dit petite noire ; pour compléter le sens, il faudrait dire : petite laitue à graine noire.

LAITUE GRISE.

Cette laitue se cultive pendant tout l'été ; mais c'est en juin qu'on laisse monter les plus belles pommes pour graines, lesquelles sont d'un blanc grisâtre et se récoltent en septembre.

MACHE ORDINAIRE.

La mâche ayant passé l'hiver, elle monte en graine dès le premier printemps; mais sa floraison durant assez longtemps, et sa graine (ou plutôt ses petits fruits) tombant au fur et à mesure qu'elle mûrit, on la laisse toute tomber ; ensuite on la balaye avec la terre qui s'y trouve ; on jette le tout dans un baquet d'eau, la terre tombe au fond, et la graine (ou petit fruit) surnage au moyen de ses deux loges stériles, pleines d'air ; on la lave, on la fait sécher sur un linge, puis on la vanne et on la met en sac. La graine de la mâche ordinaire se distingue en ce qu'elle n'est pas couronnée : elle est bonne pendant sept ou huit ans.

MACHE RÉGENCE.

La graine de celle-ci se reconnaît en ce qu'elle est moins grosse et qu'elle a une petite couronne dentée au sommet ; elle se recueille aussi au printemps et de la même manière.

MELON.

Tout le monde sait que, lorsque l'on mange un bon melon, on peut espérer que sa graine en reproduira d'autres également bons ; mais on n'en a jamais la certitude. Le moyen de n'être pas trompé n'est pas de préférer la graine des plus gros melons, mais bien celle de ceux qui sont les mieux faits dans leur espèce ; car les melons d'une grosseur extraordinaire à leur espèce sont sujets à varier l'année suivante : on choisira donc pour graine le melon le mieux fait dans son espèce ; on le laissera bien mûrir, mais non pourrir ; on en tirera la graine, qu'on lavera et fera bien sécher avant de la mettre en sac.

Toutes les graines de melon sont oblongues, comprimées, plus ou moins grosses, à peau coriace, d'un blanc jaunâtre, lisses ; celle des cantaloups est longue de 11 millimètres, large de 6 millimètres, tandis que celle du melon maraîcher n'a que 1 centimètre de longueur sur 5 millimètres de largeur. Nous conservons les graines de melon pendant quatre ou cinq ans ; mais il y a des exemples qui montrent qu'elles peuvent être bonnes pendant vingt-cinq ans et plus.

OIGNON.

Les oignons ayant passé l'hiver dans un grenier, on les plante en pleine terre, au printemps, à

45 centimètres de distance; bientôt ils montent, et on attache leurs montants à des tuteurs, pour empêcher que le vent ne les casse. Vers les mois d'août et septembre, les nombreuses capsules globuleuses, grosses comme de petits pois, mûrissent et commencent à s'ouvrir en trois valves; alors on coupe les têtes, on les fait sécher sur un drap au soleil, ensuite on les frotte dans les mains pour achever d'en faire sortir les graines, qui sont noires, anguleuses, irrégulières, longues de moins de 3 millimètres : elles sont bonnes pendant trois ans.

OSEILLE ORDINAIRE.

Ce qu'on appelle graine dans l'oseille est une capsule triangulaire, brune, luisante, uniloculaire, indéhiscente et qui contient la véritable graine. L'oseille monte au printemps, et sa graine se recueille sans difficulté : elle est bonne pendant trois ans.

PANAIS.

Le panais pour graine se traite comme la carotte et monte à la même époque; il appartient à la même famille, mais sa graine est très-différente de celle de la carotte; ici elle est très-plate, ovale, entourée d'une large membrane qui n'a pas moins de 5 millimètres de hauteur : cette graine germe pendant deux ou trois ans.

PERSIL.

Après avoir passé l'hiver, le persil monte au printemps et mûrit ses fruits en juin ; ces fruits sont ovales, striés longitudinalement, longs de 2 millimètres, didymes ou se divisant en deux parties de la forme d'un haricot et qui contiennent chacune une graine.

La récolte des petits fruits ou graines de persil n'offre aucune difficulté : ils conservent la faculté germinative pendant quatre ou cinq ans.

PIMPRENELLE.

On ne sème pas souvent la pimprenelle dans les jardins, parce que c'est une plante vivace qu'on multiplie ordinairement par éclat. Quand on sème la pimprenelle au printemps, elle monte en graine l'année suivante. Cette graine est brune, ovale, ridée, striée, à quatre ailes ; sa longueur est de 3 à 4 millimètres : elle est bonne pendant trois ans.

POIREAU.

Le poireau passant bien l'hiver en pleine terre, on en laisse sur place la quantité que l'on veut, et il monte au printemps ; il fructifie absolument comme l'oignon, et ses capsules se traitent de même :

sa graine est noire comme celle de l'oignon, mais un peu plus petite, plus pointue d'un bout et moins anguleuse ; elle germe également pendant trois ans.

POIRÉE, CARDE-POIRÉE.

On conserve ces plantes l'hiver ; au printemps suivant, elles montent et mûrissent leurs graines dans l'été. Il faut faire sécher les graines au soleil et les battre pour les détacher de la plante ; ces graines sont des fruits gros comme de petits pois, très-rugueux en dehors, noirs et durs comme du jais en dedans, et contiennent une seule amande : leur faculté germinative se conserve trois ou quatre ans.

POTIRON.

Les graines des potirons et giraumonts varient selon les espèces, non en forme, mais en grandeur : ainsi elles sont beaucoup plus petites dans l'artichaut de Jérusalem que dans le gros potiron ; mais elles se ressemblent toutes par le bourrelet qui les entoure, tandis que les graines des melons et concombres manquent de ce bourrelet. Dans les gros potirons, les graines sont longues de 2 centimètres 7 millimètres, et dans le turban elles n'ont que 1 centimètre 8 millimètres. Toutes ces graines se recueillent lorsqu'on en mange le fruit, se lavent ou ne se lavent pas, et se conservent bonnes pendant quatre ou cinq ans.

RAIPONCE.

La raiponce, semée en juillet, monte au printemps suivant, et la graine mûrit en juillet. Cette graine est fine comme poussière, et elle est bonne pendant trois ans.

RADIS NOIR.

Ce sont les radis noirs, semés en juin, qu'on choisit ordinairement pour porte-graine : à la fin de décembre, on choisit les plus beaux, on les plante profondément à 60 centimètres de distance, on les couvre pendant les fortes gelées, et ils mûrissent leurs graines en juin, graines que l'on récolte comme celles du radis rose, qui sont de mêmes couleur et grosseur, et bonnes pendant trois ans.

RAVE, RADIS.

Quand on fait des graines pour le commerce, on sème, au printemps, des planches, des champs de raves ou de radis, et on les laisse monter en graine; mais les maraîchers cultivent peu la rave, et, parmi les radis, le rose étant le plus du goût des consommateurs, c'est presque le seul qu'ils cultivent : quand donc ils ont besoin de graine de radis rose, ils choisissent, parmi les radis roses qu'ils ont semés sur couche au printemps, un certain nombre des plus francs, les arrachent et les replantent en pleine terre, à 40 ou 45 centimètres de distance ; on les arrose de suite, bien entendu, et trois ou quatre fois encore tandis qu'ils montent, et la graine mûrit ordinairement en juin. On arrache alors les pieds et on les place debout contre un mur, au midi, pour les faire sécher ; mais la silique des raves et radis ne s'ouvre pas d'elle-même comme celle des choux ; il faut la battre, la briser avec un fléau pour en faire sortir les graines, qui sont une fois plus grosses que celles de chou, moins rondes et d'une couleur tirant sur la couleur de brique : après les avoir vannées, on les renferme, et elles sont bonnes pendant trois ans.

ROMAINE.

Ces plantes ont des graines de mêmes forme et longueur que celles des laitues, également striées, mais un peu plus étroites ; toutes sont d'un blanc grisâtre, et elles conservent leur faculté germinative pendant trois ou quatre ans.

ROMAINE VERTE.

A la fin d'avril ou au commencement de mai, époque où la romaine plantée en pleine terre est bien coiffée, on laisse monter les plus belles têtes, on arrose pour leur donner de la vigueur, et dans le courant de l'été, quand elles sont défleuries et que les calices sont bien renflés, on les arrache pour les poser debout contre un mur, au soleil, comme nous l'avons dit pour les laitues, et on recueille la graine de la même manière. Les graines de romaine se conservent bonnes pendant trois ou quatre ans.

ROMAINE BLONDE.

Celle-ci se plantant un peu plus tard en pleine terre, sa graine se récolte environ un mois plus tard.

ROMAINE GRISE.

La romaine grise se semant en pleine terre tout l'été, on a plusieurs époques pour en recueillir la graine.

SCAROLE.

Comme nous ne cultivons pas de scarole au printemps, c'est de celle que nous semons en août que nous tirons nos graines. En novembre, on marque les plus beaux pieds, on les garantit de la gelée, pendant l'hiver, en les couvrant et découvrant à propos : pendant les petites gelées du printemps, on les couvre de cloches que l'on retire au beau temps; alors la scarole monte, sa graine mûrit en septembre et on la recueille comme nous venons de dire pour la chicorée frisée : elle est également bonne pendant cinq ou six ans.

CHAPITRE XIII.

CALENDRIER DE LA CULTURE MARAICHÈRE,
OU RÉSUMÉ DES TRAVAUX A EXÉCUTER ET DES PRODUITS A RÉCOLTER DANS CHAQUE MOIS DE L'ANNÉE.

Ayant donné, page 102, les raisons qui nous ont déterminés à commencer l'exposé de la culture maraîchère par le mois d'août, ces mêmes raisons nous conduisent à commencer aussi ce calendrier par le même mois.

AOUT.

Il faut que, dans ce mois, la terre continue d'être couverte de tous les légumes de la saison, et continuer de les entretenir à la mouillure et en état de propreté. Il faut encore se souvenir que ce mois est le commencement de l'année horticole et qu'il est temps de commencer à accumuler le fumier de cheval, dont il faudra faire une prodigieuse consommation dès novembre jusqu'en avril de l'année prochaine. A mesure que les melons, plantés sur les couches en tranchées, se vendent, on vide ces tranchées du fumier qui formait les couches, on les remplit de la terre qu'on en avait tirée, on la laboure et on y plante des choux-fleurs durs et demi-durs, de la scarole, de la chicorée grosse et demi-fine, des choux de Milan frisés, pour vendre dans le courant de l'hiver. Après le 16 du mois, au fur et à mesure que les planches se vident, on y sème de l'oignon blanc, des épinards à graines rondes et à graines piquantes, qui se vendront de l'automne au printemps; des radis, des mâches, qui seront bons à vendre en octobre; des carottes demi-longues, qui seront livrées à la consommation au printemps suivant. On sème aussi des haricots de Hollande, que l'on couvrira de châssis à l'approche des **premières** gelées. On donne de fortes mouillures aux cardons, céleris, choux-fleurs, cardes-poirées, poireaux, à l'oseille, à l'estragon; mais on n'arrose que modérément la scarole, la chicorée, les concombres, les cornichons, à moins que le temps ne soit à la grande sécheresse. On visite souvent les porte-graine pour les purger d'insectes, et on recueille les graines à mesure qu'elles mûrissent. Si on n'a pas commencé la culture des champignons dès le mois de juillet, on peut l'entreprendre dans celui-ci et le suivant; cependant il ne faut faire usage que très-rarement de cette latitude, car il est toujours avantageux d'arriver le premier; puis huit jours de retard peuvent faire perdre une saison : enfin tous les légumes doivent être sarclés, binés, ésherbés dans ce mois, comme dans tous ceux de l'année où la végétation est en activité.

Les récoltes de ce mois sont des chicorées, des laitues grises, romaines blondes, choux-fleurs d'été, poireaux, carottes, un peu d'épinards, pourpier, scarole, cerfeuil, persil, melons, concombres, radis, cornichons, oseille, tomates, aubergines, potirons de toute espèce.

SEPTEMBRE.

La terre doit être tout aussi garnie de légumes dans ce mois que dans le précédent. Les choux-fleurs d'automne, les scaroles, les chicorées occupent une très-grande place, tandis que la romaine, les melons et concombres disparaissent peu à peu. A compter du 1er de ce mois, on ne plante plus aucune salade dans nos marais, mais alors on sème les choux hâtifs, tels que choux d'York, pain-de-sucre et cœur-de-bœuf, pour être repiqués plus tard en pépinière; du 8 au 12, on sème les choux-fleurs petit et gros salomon, le demi-dur et le dur, pour être repiqués soit sur ados, soit sous châssis, et ensuite plantés sur couche et en pleine terre quand la saison sera arrivée. On sème de la laitue petite noire ou crêpe pour être plantée sous cloche ou sous châssis à froid; on continue de semer des mâches, des épinards, et, si le temps est sec, il faut arroser ces plantes pour les faire lever. On continue d'amasser du fumier pour faire des couches en novembre, et réchauffer des asperges blanches et vertes dès la fin d'octobre; on en prépare aussi pour faire des meules à champignon. Vers la fin du mois, on commence à lier et empailler des cardons pour les faire blanchir; on replante du céleri dans des tranchées ou dans de vieilles couches, et on *l'empiète;* on sème encore des radis roses; on sème du cerfeuil qui donnera au printemps, on fait un second semis de laitue petite noire qui sera repiquée sous cloche et plantée sur couche en novembre; à la même époque, on sème aussi de la romaine verte pour être repiquée très-clair sous cloche, parce que c'est de cette romaine dont plus tard on plantera un pied entre quatre laitues par clochée sur couche. On cueille les choux-fleurs d'automne à mesure que leur tête arrive à la perfection; on fait un second semis de raiponce pour donner après celui déjà fait, on continue de lier la scarole et la chicorée, et, si le temps est sec, on mouille en plein les choux-fleurs, le céleri et tout ce qui paraît en avoir besoin.

A la fin de ce mois et dans le suivant, il est temps de penser à mettre les coffres, les châssis en état, à faire des paillassons; on n'a pas le temps de s'en occuper dans le jour, la pluie même ne fait pas rentrer le maraîcher ni son monde; c'est le matin à la chandelle et le soir à la veillée qu'on prépare et qu'on met en état toutes ces choses, afin que, quand arrivera le moment de s'en servir, on les trouve toutes prêtes sous la main.

On récolte, dans ce mois, chicorée de Meaux, de Rouen, scarole, choux-fleurs, carottes, panais, dernières laitues, derniers melons, toutes sortes de fournitures, oseille, cornichons, piment, aubergine, tomates, potirons de toute espèce.

OCTOBRE.

Dans les premiers jours de ce mois, on peut aussi semer une partie des graines semées dans le mois précédent : ainsi on sème encore surtout la raiponce, des mâches; on sème de la petite laitue noire, de la romaine verte hâtive pour planter sur couche ou en côtière; on sème enfin du cerfeuil qui donnera au printemps : de quinze jours en quinze jours, on empaille des cardons et on rechausse; on butte complétement du céleri pour le faire blanchir et en avoir toujours pour la vente; on repique en pépinière les choux d'York, pain-de-sucre et cœur-de-bœuf semés les premiers jours de septembre. Les choux-fleurs qu'on a semés en même temps se repiquent dans des coffres, afin qu'on puisse les couvrir de châssis à la première gelée; si les tiges d'asperges sont sèches, on les coupe à fleur de terre et on donne un léger labour aux griffes. On continue de faire blanchir des cardons, du céleri, de lier les scaroles, des chicorées; on commence à cueillir des mâches semées en août, des radis, des épinards. Vers la fin de ce mois, on sème sous cloche de la laitue gotte, de la Georges, de la rouge et de la grise pour être repiquées sur ados et sous cloche; on sème également et de la bonne manière les romaines blonde et grise pour être aussi repiquées sur ados et sous cloche ou sous châssis. Les choux-fleurs d'automne sont actuellement dans toute leur croissance, et il y a d'abondantes têtes à couper tous les jours pour envoyer à la halle; on plante à demeure l'oignon blanc que l'on a semé en août. Il y a ordinairement de petites gelées à la fin du mois; alors on met les châssis sur des choux-fleurs que l'on a repiqués dans les coffres, et on leur donne de l'air dans le jour. On peut commencer à chauffer des asperges vertes, même des asperges blanches; mais c'est dans le mois suivant qu'a lieu la grande récolte de ces asperges de primeur.

On récolte chicorée, scarole, chou-fleur, premiers cardons, céleri, carotte, panais, mâche, raiponce, aubergine, tomate, piment, champignons, persil, cerfeuil, raves, radis, épinards, potirons variés.

NOVEMBRE.

C'est dans ce mois que commencent sérieusement les travaux de primeur, et, pour les mener à bien, il faut avoir sous la main une provision de fumier considérable. Dès les premiers jours, on chauffe des asperges blanches et on continue d'en chauffer de vertes; on continue aussi de repiquer, sur ados et sous cloche, de la romaine, des laitues noire, gotte, Georges, grise et rouge, semées dans le mois précédent; on peut même en semer encore dans le commencement de celui-ci, si l'on craint de n'en avoir pas assez, car il se fait une énorme consommation de laitues et de romaines forcées à Paris. On commence à faire des couches pour planter des premières laitues noires repiquées sur ados; on plante en côtière, et même en plein carré dans les sillons, les choux d'York, pain-de-sucre et cœur-de-bœuf, et, quand la gelée devient menaçante, on pose une poignée de litière sur chaque pied; on continue de planter l'oignon blanc à demeure; s'il gèle à 3 degrés, on coupe le restant des choux-fleurs d'automne, on couvre de litière la scarole et la chicorée qui n'est pas liée. On rechange le jeune plant de la romaine en le repiquant sur un autre ados, s'il paraît grandir trop vite; on fait des accots autour des couches et des ados pour empêcher la gelée de pénétrer; on rechange aussi les choux-fleurs repiqués sur châssis par la même raison qui a fait repiquer la romaine. Quand la gelée augmente, on étend des paillassons sur les couches et sur les ados couverts de cloches, on arrache et met en jauge la scarole, la chicorée qui n'est pas liée et que l'on couvre de grand fumier sec, ou bien on les porte dans le cellier, dans la cave, où on les pose la racine en l'air pour les faire blanchir ; on couvre de litière les tranchées de céleri, on rentre les cardons dans une serre ou une cave à l'abri de la gelée : enfin ce mois et le suivant exigent que les primeuristes prennent toutes les précautions possibles pour préserver leurs jeunes plants des rigueurs de la saison.

On récolte, en novembre, chicorée, **scarole**, **mâche**, raiponce, cardons, **céleri-rave et autres**, chou rouge et autres, carotte, poireau, panais, champignon, cerfeuil, épinards, potirons variés.

DÉCEMBRE.

L'hiver sévit ordinairement avec plus de rigueur dans ce mois que dans le précédent, et le primeuriste doit redoubler de vigilance pour la conservation de ses plants : quand la gelée augmente, on met du fumier neuf dans les sentiers ; on continue de faire des couches pour planter de la laitue noire sous des châssis, pour semer des carottes hâtives, des raves, des radis. On porte du fumier sur la terre où l'on doit faire de nouvelles couches, afin qu'elle ne gèle pas; toutes les fois que le soleil luit, que le temps est doux, on donne de l'air aux châssis, même aux cloches. Si on prévoit de grandes gelées, on remet encore du fumier court entre les cloches sur les ados, on couvre de litière les plantes de pleine terre, telles que poirée, carde-poirée, oseille, persil, mâche, et on les découvre aussitôt qu'il dégèle; mais, comme l'oseille et le persil sont un besoin de tous les jours, on en réchauffe de vieux pieds sur couche et sous châssis : quand il est tombé de la neige sur les paillassons qui couvrent les châssis et les cloches, et que la gelée continue sans que le soleil se montre, on peut laisser cette neige, qui est un bon abri, pendant quelque temps; mais il ne faut pas la laisser fondre sur les couches ni sur les ados, qu'elle refroidirait et rendrait trop humides. Ceux qui n'ont pas semé de pois Michaux ou précoces sous châssis à froid dans le mois précédent peuvent en semer dans celui-ci; on peut préparer des meules à champignons qui donneront en mars ; on peut semer des melons et concombres.

On vend les dernières chicorées et les dernières scaroles, les derniers choux-fleurs non serrés ; on continue de vendre mâche, raiponce, céleri plein et céleri-rave, cardon, champignon, persil, cerfeuil, poireau, chou rouge et autres, épinard, oseille, premières asperges blanches et vertes, premières laitues noires.

JANVIER.

Les travaux de ce mois sont une continuation de ceux du mois précédent, et ne demandent pas moins de surveillance pour garantir les jeunes plants de la gelée, pour les faire jouir, autant que possible, du soleil et de l'air pendant le jour, ne serait-ce que pendant une heure. Ainsi on continue de faire de nouvelles couches pour planter de la laitue noire ou crêpe sous châssis, pour réchauffer de l'oseille, du persil, et quelquefois d'autres fournitures, pour semer des raves, des radis. On chauffe des asperges blanches et vertes ; on fait des couches à cloches, et on plante sous chaque cloche quatre laitues et une romaine au milieu ; on sème encore des carottes hâtives sur couches et sous châssis, de la petite chicorée sauvage également sous châssis. Il est bien entendu qu'on entoure ces nouvelles couches de bons accots et qu'on garnit les sentiers de bon fumier neuf. On plante sous châssis plusieurs espèces de choux-fleurs. A la fin du mois, s'il ne gèle pas, on laboure les meilleures côtières, et on y plante les premières romaines vertes que l'on prend sur les ados. On commence à cueillir de la laitue noire plantée sur couche et sous châssis en novembre.

La pleine terre donne peu dans ce mois; mais, si l'on a pu disposer de quelques coffres et panneaux de châssis pour abriter un bout de planche d'oseille, de persil, cerfeuil, poirée, ces plantes donneront encore quelques produits : on sème melons et concombres.

On récolte, dans ce mois, laitue noire, mâche, raiponce, poireau, céleri plein et céleri-rave, chou rouge, chou de Bruxelles et autres, persil, cerfeuil, épinard, champignon, asperges blanches et vertes, choux-fleurs conservés dans le cellier par le moyen indiqué page 142.

FÉVRIER.

Dès les premiers jours de février, on fait une couche mère pour semer des melons cantaloups de diverses variétés et des concombres, que l'on repique huit ou dix jours après sur une autre dite couche pépinière, en plein terreau ou dans de petits pots, d'après le calcul qu'on aura fait du temps à s'écouler jusqu'à ce que l'on puisse les planter à demeure. A cette époque, les primeuristes ont déjà des couches vides qui ont rapporté de la laitue noire ou crêpe : alors on *retourne* ces couches; on y mêle du fumier neuf, on les rebâtit, et on y replante une autre saison de petite laitue noire, une première saison de chou-fleur, de romaine; on y sème des carottes, des radis, etc. : on fait des couches neuves pour semer de la chicorée fine, des haricots-flageolets pour repiquer sur d'autres couches; on plante les premiers choux-fleurs demi-durs en pleine terre dans une côtière où l'on a déjà planté de la romaine verte, et que l'on abritera au besoin avec une poignée de paille; on sème, en pleine terre et seulement en côtière, des carottes, des radis, en même temps qu'on y plante de la romaine et des choux-fleurs; on sème sur couche des poireaux pour être plantés en pleine terre au printemps; on sème des aubergines, des tomates sur couche et sous châssis pour les planter en pleine terre après les gelées. Si on n'a pas pu planter tout son oignon blanc à l'automne, ses choux d'York, pain-de-sucre et cœur-de-bœuf, on en achève la plantation; on continue de chauffer l'asperge blanche et verte. Pendant tout ce temps, il faut veiller à ce que la gelée ne pénètre sous aucune cloche, sous aucun châssis, profiter du soleil pour donner de l'air à ce qui en a besoin, chasser l'humidité surabondante, nettoyer, supprimer les feuilles altérées des laitues, romaines et autres plantes. Après le 15 ou le 18, on plante les premiers melons, les premiers concombres sur des couches retournées et refaites à neuf, munies de coffres et de châssis. Vers la fin du mois, on laboure la terre où l'on doit faire des tranchées à melons cantaloups en mars ; on sème en pleine terre des carottes, des épinards, du persil, du cerfeuil ; on plante sur des couches des haricots-flageolets que l'on a semés et repiqués au commencement du mois ; on les couvre de châssis, et on en sème d'autres pour leur succéder.

On a, dans ce mois, laitue noire, radis nouveaux, romaine verte, oseille, mâche, raiponce, persil, cerfeuil, céleri plein et céleri-rave, poireau, panais, premiers haricots verts, champignons, asperges blanches et vertes, choux-fleurs conservés, nouvelle laitue à couper.

MARS.

Dans les premiers jours de ce mois, on commence à ouvrir les tranchées dans lesquelles on fera successivement des couches sur lesquelles on plante des melons cantaloups en grande quantité et que l'on couvre de châssis au fur et à mesure qu'on les plante ; on fait des couches pour continuer de planter des laitues et des romaines sous cloche et sous châssis ; on sème sur couche et sous châssis d'autres melons pour une deuxième ou une troisième saison ; on plante en pleine terre les romaines verte, blonde et grise, les laitues grise, rouge et Georges, que l'on prend sur les ados où elles ont passé l'hiver ; et, comme en cette saison on ne craint plus ordinairement de fortes gelées, on sème en pleine terre, dans nos marais, beaucoup plus de graines qu'ailleurs, et dans les terres fortes et froides on ne sème qu'en avril et mai : ainsi, dans le courant de mars, nous semons en pleine terre des carottes courte, demi-longue et longue, de l'oignon, du poireau, des chicorées fine et demi-fine, des raves et radis, de l'oseille, panais, cresson alénois, des laitues gotte, rouge et Georges ; on fait un second semis d'épinards pour succéder à celui fait en février, et, quoiqu'on ait semé de la chicorée fine et demi-fine en pleine terre, on en sème aussi sur couche et sous châssis, qui sera venue avant celle semée en pleine terre ; on fait de nouvelles couches en tranchées pour les haricots ; on sème encore des aubergines et des tomates sur couche ; on sème en pleine terre de la graine d'asperge, et on peut commencer à planter le semis de l'an passé ; enfin on plante en pleine terre beaucoup de choux-fleurs élevés sous châssis.

Dans ce mois, il y a ordinairement des hâles desséchants qui exigent qu'on arrose avec modération et discernement les couches et la pleine terre.

On a, dans ce mois, laitue noire, radis nouveaux, romaine verte, oseille, persil, cerfeuil, dernières mâches et raiponces, carottes nouvelles, haricots verts, poireaux, épinards, petite chicorée sauvage, champignon, estragon, dernières asperges blanches et vertes, derniers choux-fleurs conservés.

AVRIL.

Il n'y a plus de fortes gelées à craindre; mais il faut toujours se tenir en garde contre les petites gelées tardives, qui sont souvent fatales aux primeuristes trop confiants. On continue de planter des melons en tranchées sous panneaux, et on en sème d'autres pour être plantés sur couche et sous cloche; on taille et on tapisse les melons sous châssis; on retourne les vieilles couches à laitues à mesure qu'elles se vident, et on y replante des melons à cloche.

Il est temps de semer sur un bout de couche toutes les cucurbitacées qui doivent être ensuite plantées en pleine terre, telles que les différents potirons, giraumonts, concombres et cornichons. On plante en côtière des tomates et des aubergines élevées sur couche; on sème et on plante en pleine terre tous les légumes maraîchers, qui se cultivent au printemps, dans l'été et l'automne, et dont l'énumération serait ici trop longue ou fastidieuse; on ôte les châssis des couches à carottes, raves, radis, chicorées, et on les met sur les derniers melons que l'on plante en tranchées.

A mesure que le froid diminue, la sécheresse augmente ordinairement : il faut veiller à ce que chaque légume ne manque pas de l'humidité qui lui est nécessaire ; il faut qu'à la fin de ce mois on ne voie plus aucune partie nue dans un marais.

On vend, dans ce mois, les dernières laitues noires, les premières laitues gotte et Georges, les premiers melons, petit prescott fond blanc et concombres ; on continue de vendre romaine verte, carotte, raves, radis, oseille, persil, cerfeuil, estragon, pimprenelle, haricots verts, carde-poirée, champignon.

MAI.

Un jardin maraîcher doit, dans ce mois, représenter un tapis de verdure variée, et une des principales affaires du maraîcher est de faire ses semis de telle manière qu'il ait toujours des plants prêts pour remplacer ceux parvenus à maturité et journellement livrés à la consommation, afin que son marais soit toujours plein jusqu'à la fin de l'automne.

On plante les derniers melons cantaloups en tranchées ; on retourne les dernières couches à laitues, à carottes vides, pour y planter d'autres melons ; on plante en place des aubergines, des tomates, si on n'a pu le faire à la fin du mois précédent ; si on ne craint pas trop la concurrence, on sème une planche ou deux de haricots verts pour succéder à ceux que l'on a sous châssis ; on sème des épinards, du cerfeuil, pour remplacer ceux qui montent en graine ; on sème toutes les sortes de laitues, excepté la petite noire, qui n'est plus de saison ; on sème également les trois sortes de romaines, mais la verte finira avec le mois ; on ne sèmera plus que la blonde et la grise, que la scarole et la chicorée feront disparaître à leur tour en septembre ; on sème les cardons sur un bout de couche pour être replantés, ou on les sème immédiatement en place. Le céleri se sème de préférence sur un bout de couche, parce qu'il vient plus vite et peut être repiqué plus promptement que celui semé en pleine terre ; cependant le petit céleri à couper se sème en pleine terre. Les choux-fleurs, soit sur couche, soit en pleine terre, étant dans leur grande force, demandent de grands arrosements et une grande surveillance contre les insectes. On plante à demeure les potirons, giraumonts, concombres et cornichons semés sur couche le mois dernier. La poirée, la carde, le persil de l'an passé montent en graine, et on les remplace par de nouveaux semis, si on ne l'a déjà fait. On sème des radis roses tous les dix jours, le radis noir pour l'hiver, des carottes et des panais pour être livrés à la consommation, à mesure qu'ils grossissent. La taille des melons occupe une bonne partie du temps du jardinier-maraîcher, dans ce mois et dans le suivant.

On vend, dans ce mois, laitues rouge et grise, romaines blonde et grise, chou-fleur, melon, concombre, chicorée fine, choux d'York, pain-de-sucre, cœur-de-bœuf, haricots verts, radis, raves, persil, cerfeuil, épinard, oseille, estragon, pimprenelle, cresson alénois, carotte, carde-poirée, poireau nouveau, oignon blanc, ciboule.

JUIN.

Il faut, dans ce mois comme dans les deux précédents, que le jardinier-maraîcher ait toujours à la mémoire combien de temps telle ou telle graine met à lever, en combien de temps le plant qui en provient est bon à planter, et en combien de temps le légume qu'il donne sera bon à livrer à la consommation, afin qu'il fasse toujours ses semis à propos, et qu'il ne soit pas exposé à perdre une saison ni à voir du terrain inoccupé.

On peut encore planter quelques melons les premiers jours de ce mois, si l'on a du plant en bon état; on sème des choux-fleurs durs et demi-durs pour donner leur pomme en automne; on plante ceux que l'on a semés en mai ; on sème encore des cardes-poirées ; on sème les romaines et les laitues de la saison, peu à la fois, mais tous les dix ou douze jours ; on plante les cardons semés sur un bout de couche le mois précédent ; on peut même en semer en place, si on ne l'a déjà fait ; on sème le chou de Bruxelles, le chou de Milan frisé et autres pour l'hiver ; on commence à repiquer le grand céleri, le céleri turc et le céleri-rave. La taille des melons réclame encore une partie du temps du maraîcher ce mois-ci. Les fournitures, comme pourpier doré, cerfeuil, bonne-dame, montent vite dans cette saison ; il faut en semer très-souvent. Le pourpier et la bonne-dame ne craignent pas le soleil ; mais le cerfeuil a besoin d'être semé à l'ombre ; on sème la première scarole dans ce mois. Une grande partie du temps est employée aux arrosements, sans lesquels il n'y a pas de récolte à espérer. C'est dans ce mois qu'on retire les châssis et les cloches de dessus les couches ; les châssis s'empilent sous un hangar à l'abri de la pluie ; les cloches s'empaillent et se mettent en *route* dans un coin du marais à l'abri des chocs (*voir* pages 87 et 97).

Les produits de ce mois sont des choux-fleurs, des choux d'York, pain-de-sucre et cœur-de-bœuf, des melons, des concombres, haricots verts, tomates, aubergines, cresson alénois, cerfeuil, persil, pimprenelle, oseille, pourpier doré, oignon blanc, ciboule, ciboulette, raves et radis, premier céleri à couper, bonne-dame.

JUILLET.

Il ne faut pas moins de prévoyance dans ce mois que dans les précédents, puisque l'on a à peu près les mêmes semis et les mêmes plantations à faire, excepté la romaine verte qui a cédé sa place à la scarole.

Dans les premiers jours du mois, on continue de repiquer les céleris ; on continue aussi de planter des choux-fleurs durs et demi-durs pour l'automne ; on plante à demeure les choux de Milan frisés, de Bruxelles, choux rouges et autres, pour être livrés à la consommation pendant l'hiver ; on continue de semer chicorée, scarole, raves, radis, cerfeuil, bonne-dame, et tout ce qui peut arriver à maturité avant l'hiver. A mesure que les couches de melons en tranchées se vident, on enlève le fumier de ces couches, on remplit les tranchées avec la terre qu'on en avait tirée ; on laboure le tout, et on y plante des choux-fleurs d'automne, des chicorées demi-fine, rouennaise, de Meaux, des scaroles, et on y sème d'autres légumes de la saison. Les arrosements sont ordinairement encore plus nombreux et plus indispensables que dans le mois précédent, et il ne faut pas espérer d'obtenir de beaux choux-fleurs, de beaux céleris, s'ils ne sont pas très-abondamment arrosés.

Dans ce dernier mois de l'année horticole, les marais offrent des melons en abondance, des concombres, des cornichons, des chicorées fines et demi-fines, des romaines blondes et grises, des laitues grises et rouges, des choux pain-de-sucre et cœur-de-bœuf, des choux-fleurs d'été, des carottes, tomates, aubergines, panais, poireau, céleri coupé, poirée, radis, persil, oseille, belle-dame, et toutes les fournitures de la saison.

FIN.

LISTE

PAR ORDRE ALPHABÉTIQUE

DES LÉGUMES

CULTIVÉS DANS LA CULTURE MARAICHÈRE.

A.

Pages.

Asperge. 252
— blanche. 255
— verte. 258
Aubergine. 261

B.

Bonne-dame. 279
Brocoli blanc. 139
— violet. 141

C.

Carde-poirée. 286
Cardon. 287
Carotte hâtive. 194
— demi-longue. 196
— longue. . . . . ib.
Céleri à grosse côte. 292
— turc. 295

Pages.

Céleri rave. 295

— à couper. 296

Cerfeuil d'hiver. 153

—   de printemps. . . . . *ib.*

—   d'été. 154

Champignon. 301

Chicorée fine d'Italie. 234

—   demi-fine. 236

—   rouennaise. 239

—   d'été. 238

—   de Meaux. 239

—   sauvage 240

—   —   barbe-de-capucin. 241

—   scarole. 243

Chou. 114

— d'York. 116

— pain-de-sucre. 118

— cœur-de-bœuf. 119

— conique de Poméranie. . . . . *ib.*

— trapu de Brunswick. 120

— cabus. 121

— rouge. . . . . *ib.*

— à grosse côte. 122

— de Bruxelles. . . . . *ib.*

— de Milan frisé. 124

Chou-fleur gros et petit salomon. 125

—   de printemps. 132

—   d'été. 135

—   d'automne. . . . . *ib.*

Chou brocoli. 139

Ciboule. 109

Ciboulette. 110

Citrouille. 276

Civette. 110

Concombre blanc hâtif. 227

—   grosse espèce. 229

Cornichon. 232

Cresson alénois. 271

E.

Pages.

Épinard. 111
    —   à graine ronde. 112
    —   à graine piquante. 113
Estragon. 270

F.

Fraisier des quatre saisons. 299

H.

Haricots. 245

L.

Laitue petite noire hâtive. 155
    —   —   ou crêpe. 160
    — gotte. 164
    — Georges. 166
    — rouge. 167
    — grise. 168
    — à couper. 169
    — de la Passion. . . . . *ib.*

M.

Mâche commune. 146
    — régence. 147
Melon. 198
    — cantaloup. 218
    — maraicher. 224

N.

Navet tendre. 300

O.

Oignon blanc. 105
    — rouge. 108

                                                    Pages.

Oseille commune. 273
    —   vierge. 274

P.

Panais. 282
Perce-pierre. 266
Persil. 249
Piment. 267
Pimprenelle. 269
Poireau court. 149
    —   long. 150
    —   d'automne. 151
Poirée. 285
    —   carde. 286
Pois. 181
Potiron. 276
Pourpier doré. 284

R.

Radis rose demi-long. 187
    —   noir. 189
Raifort : rave, radis. 185
    —   rave violette hâtive. 186
Raiponce. 296
Romaine verte. 175
    —   grise. 176
    —   blonde. 179

S.

Scorsonère. 280

T.

Tomate. 263

(Pour les renvois, voir, en outre, la table des matières ci-après.)

TABLE DES MATIÈRES

CONTENUES

DANS CE VOLUME.

———

Pages.

PRÉFACE.   5

CHAPITRE PREMIER.

Histoire sommaire de la culture maraîchère à Paris,
depuis cinquante ou soixante ans.   11

CHAPITRE II.

Statistique horticole..   16
Économie horticole..   24

CHAPITRE III.

Des habitudes et manière d'être des maraîchers de
Paris.   29

CHAPITRE IV.

Des terres et de tout ce qui a rapport au sol.   37

CHAPITRE V.

Des expositions et des situations locales.   40

CHAPITRE VI.

Des substances améliorantes employées comme engrais, amendements et stimulants. 45

CHAPITRE VII.

Des eaux pour les arrosements. 49

CHAPITRE VIII.

Des outils, instruments et machines. 51

CHAPITRE IX.

Des opérations de la culture maraîchère. 71

CHAPITRE X.

Culture maraîchère, mois par mois. 101

AOUT.

Oignon. 104
   — blanc ou du printemps. 105
   — petit oignon blanc. 107
   — oignon rouge. 108
Ciboule. 109
Ciboulette, civette, appétits. 110
Épinard. 111
   — à graine ronde ou épinard de Hollande. . . 112
   — à graine piquante, épinard commun ou d'Angleterre. 113

SEPTEMBRE.

Chou. 114

Pages.

Chou d'York. . . . .　116
— hâtif en pain de sucre. . . . .　118
— cœur-de-bœuf. . . . .　119
— conique de Poméranie. . . . .　ib.
— trapu de Brunswick. . . . .　120
— cabus, chou blanc. . . . .　121
— rouge. . . . .　ib.
— à grosse côte. . . . .　122
— de Bruxelles. . . . .　ib.
— de Milan frisé. . . . .　124
Chou-fleur. . . . .　125
— gros et petit salomon. . . . .　126
— du printemps. . . . .　132
— d'été. . . . .　135
— d'automne. . . . .　ib.
— brocoli. . . . .　139
— — blanc. . . . .　140
— — violet. . . . .　141
Résumé des caractères distinctifs des choux-fleurs. .　ib.
Moyen de conserver les pommes de chou-fleur pen-
dant l'hiver. . . . .　142
Mâche. . . . .　146
— ronde. . . . .　ib.
— régence. . . . .　147
Poireau ou porreau. . . . .　148
— court. . . . .　149
— long. . . . .　150
— d'automne. . . . .　151
Cerfeuil. . . . .　152
— d'hiver. . . . .　153
— de printemps. . . . .　ib.
— d'été. . . . .　154
Laitue. . . . .　155
— hâtive dite petite noire. . . . .　ib.

OCTOBRE.

	Pages.
Petite laitue noire ou crêpe	160
Laitue gotte	164
— Georges	166
— rouge	167
— grise	168
— à couper	169
— de la Passion	ib.
Romaine chicon	170
— verte dite de primeur	171
— grise	176
— blonde	179

NOVEMBRE.

Pois	181
— Michaux de Hollande	182

DÉCEMBRE.

Rave, radis	185
— violette hâtive	186
— radis rose demi-long	187
— et radis en pleine terre	188
— radis noir	189

JANVIER.

Carotte	194
— hâtive	ib.
— hâtive en seconde saison	196
— demi-longue	ib.

FÉVRIER.

Melon	198

Pages.

Melon semis de primeur.   201
—   plantation des melons de primeur.   204
—   de seconde saison.   208
—   de troisième saison.   211
—   de quatrième saison.   213
Melon brodé ou maraîcher.   215
De la taille des melons.   217
Cantaloup. — Première taille.   218
—   Deuxième taille.   219
—   Troisième taille.   220
—   Quatrième taille.   221
—   Cinquième taille. . . . .   ib.
Melon brodé ou maraîcher.   224
Taille du melon maraîcher.   225
Maturité des melons. . . . .   ib.
Concombre.   226
—   blanc hâtif.   227
—   grosse espèce en tranchée.   229
—   en pleine terre.   231
Cornichon.   232
Chicorées.   234
Chicorée fine d'Italie. . . . .   ib.
—   demi-fine.   236
—   d'été.   238
—   rouennaise.   239
—   de Meaux. . . . .   ib.
—   sauvage.   240
—   barbe-de-capucin.   241
—   manière d'obtenir la barbe-de-capucin. . .   242
—   chicorée scarole bouclée ou à feuilles
         rondes.   243
Haricots.   245
Haricot-flageolet.   246
—   flageolet en pleine terre sous-châssis. . .   248

Pages.

Persil. 249
— en côtière. 250
— en pleine terre. . . . . *ib.*

MARS.

Asperge. 252
— manière de forcer l'asperge blanche. 255
— manière de forcer l'asperge verte ou aux
petits pois. 258
Aubergine ou mélongène. 261
Tomate ou pomme d'amour. 263
Perce-pierre. 266
— maritime. 267
Piment. . . . . *ib.*
— corail. 268
Bonne-dame. . . . . *ib.*
— ou belle-dame des jardins. 269

AVRIL.

Pimprenelle. 269
Estragon. 270
Cresson alénois. 271
Oseille. 273
— commune. . . . . *ib.*
— vierge. 274
— (culture forcée de l'). 275
Potiron. 276
— gros potiron ou citrouille. . . . . *ib.*
Scorsonère. 280
— d'Espagne. . . . . *ib.*
Panais. 282

MAI.

	Pages.
Pourpier.	283
— doré.	284
Poirée.	285
— carde-poirée.	286
Cardon.	287
— de Tours.	288
Céleri.	291
— à grosse côte.	292
— turc.	295
— rave.	*ib.*
— à couper.	296

JUIN.

Raiponce.	296
Fraisier.	298
— fraise des Alpes ou quatre-saisons.	299
Navet tendre des Vertus.	300

JUILLET.

Champignon.	301
— préparation du fumier.	302
— manière de monter, larder et gopter les meules.	304
— Culture du champignon dans une cave.	306
— manière de faire du blanc à champignon.	308

CHAPITRE XI.

Altérations causées aux légumes par les insectes et par les maladies.	309

		Pages.
Altérations causées aux légumes par les météores. . .		324
—	Arc-en-ciel.	*ib.*
—	Tonnerre.	*ib.*
—	Trombe de vent.	325

CHAPITRE XII.

De la récolte et de la conservation des graines potagères. 326

CHAPITRE XIII.

Calendrier de la culture maraîchère, ou résumé des travaux à exécuter et des produits à récolter dans chaque mois de l'année. 343

Août.	*ib.*
Septembre.	345
Octobre.	347
Novembre.	349
Décembre.	350
Janvier.	352
Février.	353
Mars.	355
Avril.	357
Mai.	358
Juin.	360
Juillet.	362

Liste, par ordre alphabétique, des légumes cultivés dans la culture maraîchère. 365

PARIS. — IMPR. DE Mme Ve BOUCHARD-HUZARD, RUE DE L'ÉPERON, 5